Unity 虚拟现实引擎技术

赵志强 杨 欧 主编

北京理工大学出版社
BEIJING INSTITUTE OF TECHNOLOGY PRESS

内 容 简 介

本书以 Unity 引擎为基础，选择虚拟现实应用开发过程中必要的知识单元为学习内容，配合丰富的实践案例，按照项目化方式组织，循序渐进地完成虚拟现实应用开发的基础知识和技能的学习训练。

全书共分 26 个单元，包括 Unity 软件基本操作概述、引擎平台的安装配置、3D 模型资源使用、各类型场景布设、光照和渲染、物理系统、UI 系统、粒子系统、交互系统等学习内容，每项学习内容都有专门的学习案例进行辅助讲解和实践练习，在每个项目单元的内容组织中，通常采用从基本原理的学习入手，结合应用实践中的实际需求，按照工程开展的实际步骤讲解具体内容的制作方法，达到理论融入实践的学习效果。每个知识单元都配置知识拓展，为进一步地深入学习各单元内容提供有效的指引。每个单元的学习内容都配置了"思考与练习"和"实训"，为课后学习和实训提供了充足的内容。

版权专有　侵权必究

图书在版编目(CIP)数据

Unity 虚拟现实引擎技术／赵志强，杨欧主编. ——北京：北京理工大学出版社，2021.12(2022.1 重印)
ISBN 978-7-5763-0559-3

Ⅰ. ①U… Ⅱ. ①赵… ②杨… Ⅲ. ①游戏程序-程序设计 Ⅳ. ①TP317.6

中国版本图书馆 CIP 数据核字(2021)第 217313 号

出版发行 /	北京理工大学出版社有限责任公司
社　　址 /	北京市海淀区中关村南大街 5 号
邮　　编 /	100081
电　　话 /	(010) 68914775（总编室）
	(010) 82562903（教材售后服务热线）
	(010) 68944723（其他图书服务热线）
网　　址 /	http://www.bitpress.com.cn
经　　销 /	全国各地新华书店
印　　刷 /	三河市天利华印刷装订有限公司
开　　本 /	787 毫米 × 1092 毫米　1/16
印　　张 /	16
字　　数 /	356 千字
版　　次 /	2021 年 12 月第 1 版　2022 年 1 月第 2 次印刷
定　　价 /	49.80 元

责任编辑／钟　博
文案编辑／钟　博
责任校对／周瑞红
责任印制／施胜娟

图书出现印装质量问题，请拨打售后服务热线，本社负责调换

前言

本教材以虚拟房屋项目为驱动，以目前行业内主流的 VR 开发引擎 Unity 为基础，以 HTC Vive 为应用平台，完整地介绍了虚拟现实项目的编程开发过程。

"虚拟现实编程技术"是一门实践性较强的专业课。为了突出知识性、实践性和应用性，本书采用了任务化的编写思想，将虚拟房屋项目的制作过程划分为多个单元，每个单元涵盖多项制作任务，在具体制作任务中涵盖了知识点讲解和知识点应用，先学习完成每项任务所需的知识点，然后在项目中应用对应的知识，编程实现具体工程。

本书共有 24 个学习单元，其中单元 1~单元 4 介绍了虚拟现实编程软件 Unity 的界面功能和基础操作，完成学习后可以初步掌握利用资源搭建初始房屋场景的基本方法；单元 5 介绍了天空盒技术和制作天空盒的方法；单元 6 介绍了光照系统以及不同种类光照效果的添加方法；单元 7 在单元 6 的基础上，介绍了 Unity 开发平台的脚本支持系统，以及如何初步使用脚本实现对灯光的控制；单元 8 和单元 9 介绍了物理系统，采用自动门项目作为项目制作内容，实现了初步交互编程；单元 10 介绍了预制体技术，为场景添加了多个感应灯；单元 11 介绍了视频系统，制作了虚拟电视机；单元 12 介绍了音频系统，使读者了解虚拟立体音箱制作的方法；单元 13~单元 14 介绍了 UGUI 系统，为房屋项目制作了互动 UI；单元 15 介绍了动画系统，通过制作"虚拟太空"装饰对动画系统进行应用练习；单元 16 介绍了地形系统，讲解了虚拟沙盘的制作方法；单元 17 介绍了 Unity 的渲染系统，实现了虚拟镜框的制作；单元 18~单元 19 介绍了粒子系统，通过粒子系统制作了简单的场景特效；单元 20 介绍升级 VR 项目；单元 21~单元 22 介绍虚拟场景中的位置传送和物体交互；单元 23 介绍了 LOD 技术，利用 LOD Group 组件进行了项目优化；单元 24 介绍了遮挡剔除技术，在房屋项目中应用遮挡剔除技术优化了运行效果；单元 25 介绍了烘焙技术，为房屋场景布置了合理的反射探头的方案；单元 26 通过将房屋项目打包并发布于不同的运行平台来讲解 Unity 的跨平台打包发布功能。

项目化的学习方式有利于学生手脑并用，在理解知识的同时，在具体的项目制作过程中巩固技能，每实现一个项目任务的学习，就为最终的项目积累一项技能，每完成一个单元就收获整体项目的一个模块。这种学习和训练相结合的方式，非常适合职业院校培养应用型人才的教学需要，能够快速调动学生的积极性并着重培养学生的动手能力。

由于编者水平有限，加之时间仓促，书中难免有错误和不妥之处，欢迎读者和同行批评指正，以便再版时改正和提高。

编　者

2021 年 11 月

目 录

单元 1　Unity 软件基本操作概述 1
　学习目标 1
　任务描述 1
　任务 1.1　什么是 Unity 软件 1
　任务 1.2　下载并安装 Unity 软件 2
　任务 1.3　创建不同类型的 Unity 项目 3
　任务 1.4　Unity 编辑器界面布局介绍 6
　任务 1.5　创建一个场景 14
　任务 1.6　在场景中创建对象 15
　知识拓展 18
　单元小结 18
　思考与练习 18
　实训 19

单元 2　3D 模型资源导入 20
　学习目标 20
　任务描述 20
　任务 2.1　了解资源 20
　任务 2.2　将资源添加到项目中 22
　任务 2.3　正确设置 "Model" 选项卡 24
　任务 2.4　正确设置 "Materials" 选项卡 27
　任务 2.5　正确设置 "Rig" 选项卡 29
　任务 2.6　正确设置 "Animation" 选项卡 31
　知识拓展 33
　单元小结 36
　思考与练习 36

实训 ··· 36

单元3　搭建房屋结构 ··· 37
　　学习目标 ··· 37
　　任务描述 ··· 37
　　任务3.1　了解场景 ··· 37
　　任务3.2　创建一个场景 ··· 38
　　任务3.3　为场景添加内容 ·· 39
　　任务3.4　调整场景中的内容 ··· 41
　　任务3.5　利用"Scene"视图的功能 ·· 43
　　单元小结 ··· 45
　　思考与练习 ··· 45
　　实训 ··· 46

单元4　室内场景布置 ··· 47
　　学习目标 ··· 47
　　任务描述 ··· 47
　　任务4.1　了解组件 ··· 47
　　任务4.2　检查对象的材质 ·· 50
　　单元小结 ··· 50
　　思考与练习 ··· 51
　　实训 ··· 51

单元5　制作天空盒与设置远景贴图 ··· 52
　　学习目标 ··· 52
　　任务描述 ··· 52
　　任务5.1　了解天空盒 ·· 52
　　任务5.2　使用天空盒 ·· 53
　　任务5.3　制作"Cubemap"类型的天空盒 ··· 53
　　任务5.4　制作"6 Sided"类型的天空盒 ·· 56
　　单元小结 ··· 57
　　思考与练习 ··· 57
　　实训 ··· 57

单元6　光源使用基础 ··· 59
　　学习目标 ··· 59
　　任务描述 ··· 59
　　任务6.1　了解光源基础 ··· 59
　　任务6.2　使用方向光 ·· 59
　　任务6.3　使用点光源 ·· 62
　　任务6.4　使用聚光灯 ·· 64

| 任务 6.5 | 使用区域光 | 67 |

知识拓展 ·· 68

单元小结 ·· 69

思考与练习 ··· 69

实训 ·· 70

单元 7　场景灯光的实时控制　71

学习目标 ·· 71

任务描述 ·· 71

任务 7.1　了解脚本文件 ·· 71

任务 7.2　使用键盘上的 C 键开启/关闭光源 ·································· 73

任务 7.3　使用键盘上的向上、向下箭头键控制光源强度 ················ 74

单元小结 ·· 75

思考与练习 ··· 75

实训 ·· 75

单元 8　虚拟现实系统中的"我"　76

学习目标 ·· 76

任务描述 ·· 76

任务 8.1　理解虚拟现实系统中的"我" ······································· 76

任务 8.2　简单使用第一人称视角角色控制器 ································ 76

任务 8.3　碰撞体 ·· 77

任务 8.4　刚体 ··· 79

知识拓展 ·· 80

单元小结 ·· 80

思考与练习 ··· 80

实训 ·· 80

单元 9　制作感应灯　82

学习目标 ·· 82

任务描述 ·· 82

任务 9.1　碰撞检测 ··· 82

任务 9.2　制作感应灯 ··· 83

任务 9.3　制作感应灯预制体 ··· 84

知识拓展 ·· 86

单元小结 ·· 87

思考与练习 ··· 87

实训 ·· 87

单元 10　制作可交互家具　88

学习目标 ·· 88

任务描述 ……………………………………………………………………………… 88
　　任务 10.1　射线检测的概念 ……………………………………………………… 88
　　任务 10.2　制作射线检测功能 …………………………………………………… 88
　　任务 10.3　制作可交互抽屉 ……………………………………………………… 90
　　任务 10.4　射线检测——与抽屉进行交互 ……………………………………… 92
　　单元小结 ……………………………………………………………………………… 94
　　思考与练习 …………………………………………………………………………… 94
　　实训 …………………………………………………………………………………… 94

单元 11　制作虚拟电视机 …………………………………………………………… 95
　　学习目标 ……………………………………………………………………………… 95
　　任务描述 ……………………………………………………………………………… 95
　　任务 11.1　了解视频基础 ………………………………………………………… 95
　　任务 11.2　导入视频片段 ………………………………………………………… 96
　　任务 11.3　使用视频播放器组件 ………………………………………………… 97
　　知识拓展 ……………………………………………………………………………… 99
　　单元小结 ……………………………………………………………………………… 101
　　思考与练习 …………………………………………………………………………… 101
　　实训 …………………………………………………………………………………… 101

单元 12　虚拟立体声的实现 ………………………………………………………… 102
　　学习目标 ……………………………………………………………………………… 102
　　任务描述 ……………………………………………………………………………… 102
　　任务 12.1　了解音频系统 ………………………………………………………… 102
　　任务 12.2　添加音频监听器组件 ………………………………………………… 103
　　任务 12.3　导入音频片段 ………………………………………………………… 103
　　任务 12.4　使用音频源组件 ……………………………………………………… 106
　　知识拓展 ……………………………………………………………………………… 109
　　单元小结 ……………………………………………………………………………… 110
　　思考与练习 …………………………………………………………………………… 110
　　实训 …………………………………………………………………………………… 110

单元 13　Unity 的 UGUI 系统 ……………………………………………………… 111
　　学习目标 ……………………………………………………………………………… 111
　　任务描述 ……………………………………………………………………………… 111
　　任务 13.1　了解 UGUI 系统 ……………………………………………………… 111
　　任务 13.2　了解画布（Canvas）对象 …………………………………………… 112
　　任务 13.3　了解"Rect Transform"组件 ………………………………………… 114
　　任务 13.4　了解"Text"组件 ……………………………………………………… 116
　　任务 13.5　创建文本内容 ………………………………………………………… 118

任务 13.6 了解"Image"组件	120
单元小结	121
思考与练习	121
实训	121

单元 14　制作互动 UI … 122

学习目标	122
任务描述	122
任务 14.1　按钮	122
任务 14.2　切换开关	126
任务 14.3　滑动条	127
知识拓展	130
单元小结	130
思考与练习	130
实训	131

单元 15　制作虚拟行星 … 132

学习目标	132
任务描述	132
任务 15.1　了解动画系统	132
任务 15.2　资源模块——获取动画片段	133
任务 15.3　控制模块——制作动画控制器	140
任务 15.4　实体模块——运用"Animator"组件	144
知识拓展	144
单元小结	145
思考与练习	145
实训	145

单元 16　制作虚拟沙盘模型 … 146

学习目标	146
任务描述	146
任务 16.1　了解地形编辑器	146
任务 16.2　了解"Terrain Collider"组件	147
任务 16.3　利用"Terrain"组件创建地形	147
知识拓展	158
单元小结	160
思考与练习	160
实训	160

单元 17　制作虚拟镜框 … 161

| 学习目标 | 161 |

任务描述	161
任务 17.1　了解渲染工具	161
任务 17.2　创建并使用材质球	161
任务 17.3　指定着色器	163
任务 17.4　添加渲染纹理图	167
单元小结	170
思考与练习	170
实训	170

单元 18　粒子系统　171

学习目标	171
任务描述	171
任务 18.1　粒子系统概述	171
任务 18.2　粒子系统的创建以及"Particle Effect"视图	172
任务 18.3　粒子系统组件	173
知识拓展	182
单元小结	182
思考与练习	183
实训	183

单元 19　粒子系统实例　184

学习目标	184
任务描述	184
任务 19.1　制作"雪"粒子特效	184
任务 19.2　制作"雨"粒子特效	186
任务 19.3　制作"火"粒子特效	189
单元小结	192
思考与练习	193
实训	193

单元 20　升级 VR 项目　194

学习目标	194
任务描述	194
任务 20.1　了解 HTC Vive	194
任务 20.2　了解 SteamVR	195
任务 20.3　连接 HTC Vive	195
任务 20.4　为项目导入 SDK	196
任务 20.5　了解 HTC Vive 的手柄交互	197
单元小结	199
思考与练习	199

实训 ·· 199

单元 21　虚拟场景中的位置传送 ·· 200

学习目标 ··· 200
任务描述 ··· 200
任务 21.1　移动逻辑 ·· 200
任务 21.2　添加手柄射线 ·· 201
任务 21.3　添加移动区域 ·· 201
任务 21.4　添加可移动点 ·· 202
任务 21.5　添加不可移动区域（点）··· 203
单元小结 ··· 203
思考与练习 ·· 203
实训 ·· 203

单元 22　虚拟场景中的物体交互 ·· 204

学习目标 ··· 204
任务描述 ··· 204
任务 22.1　物体抓取逻辑 ·· 204
任务 22.2　可交互对象与控制器的表现问题 ·· 206
任务 22.3　UI 交互逻辑 ·· 207
任务 22.4　制作可交互 UI ·· 209
单元小结 ··· 212
思考与练习 ·· 212
实训 ·· 212

单元 23　LOD 技术 ·· 213

学习目标 ··· 213
任务描述 ··· 213
任务 23.1　LOD 概述 ··· 213
任务 23.2　"LOD Group" 组件 ··· 214
任务 23.3　LOD 优化对象 ··· 216
知识拓展 ··· 217
单元小结 ··· 217
思考与练习 ·· 217
实训 ·· 218

单元 24　遮挡剔除技术 ·· 219

学习目标 ··· 219
任务描述 ··· 219
任务 24.1　遮挡剔除概述 ·· 219
任务 24.2　"Occlusion" 视图 ··· 221

任务 24.3　遮挡剔除技术的使用方法 ………………………………………… 224
知识拓展 ……………………………………………………………………………… 225
单元小结 ……………………………………………………………………………… 226
思考与练习 …………………………………………………………………………… 226
实训 …………………………………………………………………………………… 226

单元 25　场景烘焙 …………………………………………………………………… 227

学习目标 ……………………………………………………………………………… 227
任务描述 ……………………………………………………………………………… 227
任务 25.1　布置反射探头 ……………………………………………………… 227
任务 25.2　光照探头 …………………………………………………………… 230
任务 25.3　烘焙 ………………………………………………………………… 231
单元小结 ……………………………………………………………………………… 234
思考与练习 …………………………………………………………………………… 234
实训 …………………………………………………………………………………… 235

单元 26　软件打包与发布 …………………………………………………………… 236

学习目标 ……………………………………………………………………………… 236
任务描述 ……………………………………………………………………………… 236
任务 26.1　了解 Unity 所支持的平台 ………………………………………… 236
任务 26.2　了解不同平台打包与发布的公共设置 …………………………… 237
任务 26.3　将项目打包发布于 Windows 平台 ………………………………… 239
单元小结 ……………………………………………………………………………… 241
思考与练习 …………………………………………………………………………… 242
实训 …………………………………………………………………………………… 242

单元 1

Unity软件基本操作概述

学习目标

（1）掌握 Unity 软件的下载和安装方法；
（2）掌握 Unity Hub 软件和 Unity 软件的关系和区别；
（3）掌握 Unity 软件的基本概念和使用方法；
（4）掌握不同 Unity 项目的创建方法和创建流程。

任务描述

本单元的学习任务是了解 Unity 是一款什么软件、开发者能够利用它做什么，在初步了解后通过实际操作进行 Unity 软件的下载、安装，创建第一个 Unity 项目，以便对 Unity 软件的操作有一个基本了解。

任务1.1　什么是 Unity 软件

Unity（图 1-1）是一款由 Unity Technologies 公司研发的跨平台 2D/3D 游戏引擎，简称 Unity 或者 U3D，可用于开发运行在不同平台的游戏（比如 PC 端游戏、移动端游戏、网页游戏等）。除了可用于开发游戏外，Unity 还是一个被广泛应用于 AR/VR、建筑可视化、实时三维动画以及影视等互动内容制作的综合型创作工具。

Unity 软件于 2005 年对外公布并开放使用，Unity 软件在发布以来，陆续公布了数个更新版本，包括 Unity 4.X 和 Unity 5.X。自 5.X 版本后，Unity 软件开始以"年份+版本号"的数字组合方式发布新的版本，如 Unity 2019.1.10。

图 1-1　Unity 软件徽标（logo）

Unity 2017~2019 的版本中，第二位数字（如"2019.1.10"中的 1）有具体含义，通常在 LTS（Long-Term Support stream）版本中为 4 的代号。LTS 指长期支持版本，从项目开发的角度更建议使用 LTS 版本进行开发，因为 LTS 版本在发布后的两年内都会持续更新，而非 LTS 版本（Unity 称其为 TECH）通常在下一个版本上线后就不再继续维护。

由 Unity 软件开发的内容，可以部署在不同的软、硬件平台，即可以实现跨平台使用，至今为止 Unity 软件共支持 27 个构建平台，如常见的移动端（Android、iOS、Windows Phone

和 Tizen）、PC 端（Windows、Mac 和 Linux）、AR/VR 端（Oculus Rift、Gear VR、PlayStation VR、Microsoft HoloLens）等。

任务 1.2　下载并安装 Unity 软件

从 Unity 官网（https://Unity.com）下载安装包并进行安装，本书使用的软件版本是 Unity2019.1.10，下载网址为 https://Unity.com/get-Unity/download/archive。

打开 Unity 软件下载网址，找到 Unity2019.1.10 版本，如图 1-2 所示。

图 1-2　Unity2019.1.10 下载条目

先单击"Unity Hub"按钮，下载 Unity Hub 软件并安装，然后按照计算机的操作系统类型选择 Unity 软件的 Windows 或 Mac 版本。

Unity Hub 是 Unity Technologies 公司推出的一个独立应用程序，目的是方便开发者更便捷地管理计算机上安装的 Unity 软件及相关的 Unity 项目。

> **注意：**
> 安装过程需要在网络状况良好的条件下进行。

直接启动 Unity 编辑器会看到 Unity 软件的启动界面，如图 1-3 所示。其后会自动跳转到 Unity Hub 初始界面（如果没有自动跳转至 Unity Hub 初始界面，可手动打开 Unity Hub 软件），如图 1-4 所示。首先要登录 Unity 账号，单击界面右上角的"人头"图标进行登录，如没有账号，申请注册账号即可。

图 1-3　Unity 软件的启动界面

> **注意：**
> 直接启动旧版本的 Unity 不会调用 Unity Hub，如 Unity5.4.0。

单元1　Unity 软件基本操作概述

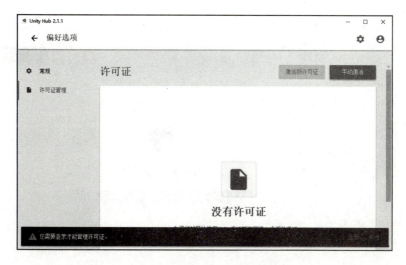

图 1-4　Unity Hub 初始界面

　　登录 Unity 账号成功后，单击"激活新许可证"按钮，然后选择"Unity 个人版"→"我不以专业身份使用 Unity。"选项，如图 1-5 所示。新许可证激活成功后，就可以开始使用 Unity 软件。

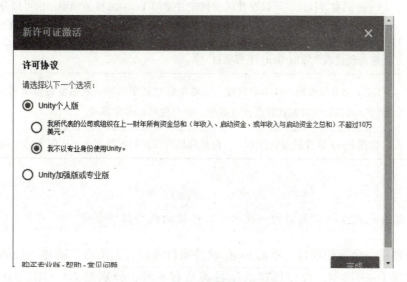

图 1-5　"新许可证激活"界面

任务 1.3　创建不同类型的 Unity 项目

　　运行 Unity 软件，可以看到图 1-6 所示的界面。左边列表有 4 项内容，分别是"社区""项目""学习"和"安装"，各内容说明见表 1-1。

图 1-6　Unity 软件项目界面

表 1-1　Unity 软件列表内容说明

列表内容	说明
社区	Unity 的官方社区，可以在社区中讨论并学习 Unity 的相关知识，也可以分享一些使用 Unity 开发的小项目，在 Unity 开发过程中遇到技术问题也可以在社区中寻求帮助
项目	本地创建或添加的 Unity 工程项目
学习	Unity 官方发布的一些学习教程，主要是针对初学者和一些需要进阶学习的开发者。官方的学习教程通常是比较严谨权威的，有兴趣可以多学多看
安装	管理 Unity 软件的安装版本，一台计算机可以同时安装多个不同版本的 Unity 软件

> **注意：**
> Unity Hub 也是在持续更新的一款软件，此处的说明仅供参考。

接下来创建一个新的项目。单击 Unity 软件项目界面右上角的"新建"按钮启动新建项目界面，如图 1-7 所示。可以创建的项目类型有 6 种，分别是 2D、3D、3D with Extras、High-Definition RP、Lightweight RP 和 VR Lightweight RP，关于它们的解释见表 1-2。

项目模板基于不同类型项目的共同最佳实践而提供预选的设置。这些设置针对 Unity 支持的所有平台上的 2D 和 3D 项目进行了优化。为开发者减少了项目设置的工作量，并降低了其复杂度，以便更快地投入开发工作。

模板类型可以简单划分为 2D、3D、3D 中更好的渲染版本，此处稍作了解即可。了解 Unity 提供的项目模板后，通过选择 3D 项目模板，填入项目名称并且选择项目存放的磁盘路径后，单击"创建"按钮，耐心等待 Unity 的界面出现。

图1-7 新建项目界面

表1-2 项目类型说明

项目类型	说明
2D	场景是2D的（平面的），只有X轴和Y轴，不包含3D对象 例如：元气骑士
3D	配置使用Unity内置渲染管线的3D应用程序的项目设置，场景是3D的，有X轴、Y轴和Z轴，3D项目中不仅有3D对象，也可以包含2D对象 例如：龙之谷2
3D with Extras	配置使用Unity内置渲染器和后期处理功能的3D应用程序的项目设置。此项目类型包括新的后期处理栈、几个用于快速启动开发的预设以及一些示例内容
High-Definition RP	配置使用高端平台［支持Shader Model 5.0（DX11及更高版本）］的项目的设置。此模板是使用可编程渲染管线（SRP）构建的，这是一种现代渲染管线，包括高级材质类型和可配置的混合平铺/集群延迟/前向光照架构。此模板还包括新的后期处理栈、几个用于快速启动开发的预设以及一些示例内容
Lightweight RP	配置以性能为主要考虑因素的项目以及使用主要烘焙光照解决方案的项目的设置。此模板是使用可编程渲染管线构建的，这是一种现代渲染管线，包括高级材质类型和可配置的混合平铺/集群延迟/前向光照架构。此模板还包括新的后期处理栈、几个用于快速启动开发的预设以及一些示例内容 使用轻量级管线可减少项目的绘制调用次数，因此提供了适合低端硬件的解决方案 例如：Custom Renderer https://github.com/Unity-Technologies/LWRP-CustomRendererExamples

续表

项目类型	说明
VR Lightweight RP	对于使用主要烘焙光照解决方案的虚拟现实（VR）项目，配置以性能为主要考虑因素的项目的设置。此模板是使用可编程渲染管线构建的，这是一种现代渲染管线，包括高级材质类型和可配置的混合平铺/集群延迟/前向光照架构。此模板还包括新的后期处理栈、几个用于快速启动开发的预设以及一些示例内容

> **注意：**
> 项目名称及存放路径不应该出现除数字、字母、下划线以外的内容。

任务1.4 Unity 编辑器界面布局介绍

本任务是查看并熟悉 Unity 操作界面的内容，默认打开 Unity 时界面如图1-8所示。界面颜色可能有些出入，但这并不会带来功能上的区别。

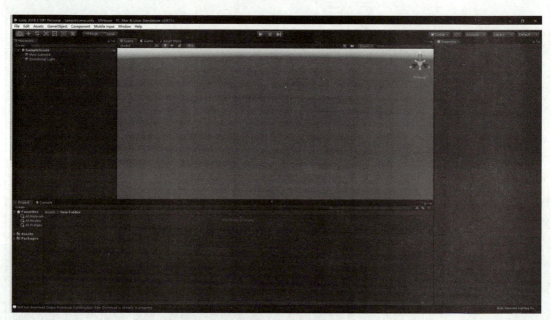

图1-8 Unity 编辑器界面默认布局

1. 菜单栏

菜单栏位于编辑器界面的最上方，如图1-9所示，通过菜单栏可以实现对文件、编辑器、场景资源和对象组件的管理操作，并且还可以控制窗口界面的显示方式以及获取帮助信息。下面一一介绍菜单栏的选项功能。

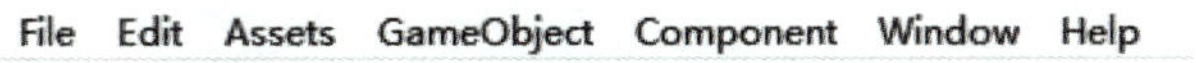

File　Edit　Assets　GameObject　Component　Window　Help

图 1-9　菜单栏

1）"File"菜单项

"File"菜单项内容如图 1-10 所示。"File"菜单项内容说明见表 1-3。

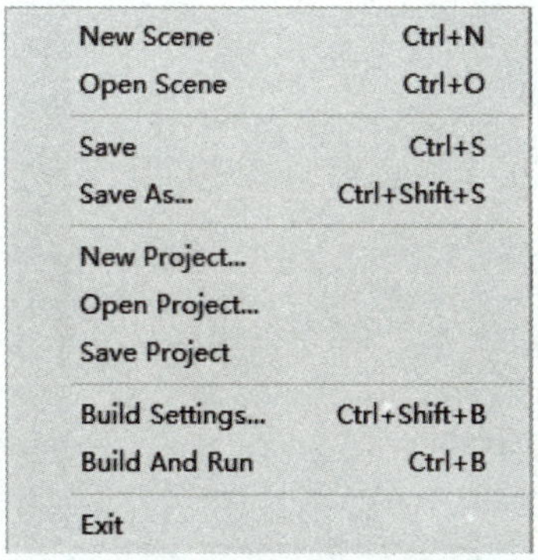

表 1-3　File 菜单项内容说明

选项	说明
New Scene	创建一个新的场景（Scene）
Open Scene	打开指定的场景
Save	保存当前场景
Save As	将当前场景另存一份
New Project	新建一个项目
Open Project	打开另一个项目
Save Project	保存当前项目
Build Settings	项目打包前需要进行的设置
Build And Run	构建项目并运行构建成功后的安装包
Exit	关闭项目且退出 Unity 软件

图 1-10　"File"菜单项内容

2）"Edit"菜单项

"Edit"菜单项的下拉列表很长，其上部分主要是快捷操作，比如全选、复制、粘贴、撤回、重复等。这些快捷操作可以通过快捷键实现，也可以在这个菜单中选择相应功能实现。

这里主要介绍"Edit"菜单项中的"Project Settings"和"Preferences"选项。

（1）Project Settings：包括图 1-11 所示的 14 个模块，修改这些设置可以改变 Unity 编辑器对应模块的功能效果，也可以设置构建版本的属性信息等。

（2）Preferences：偏好设置，可以设置 Unity 脚本的默认编辑器（一般选择 Visual Studio 编辑器），也可以设置编辑器中各元素的配色方案，同时可以设置不同平台的打包环境。

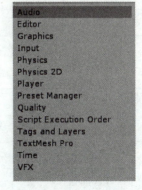

图 1-11　"Project Settings"选项的模块

3）"Assets"菜单项

"Assets"菜单项主要用于对资源文件（特指 Unity 编辑器允许的资源）进行操作，下面介绍一些常用的选项。"Assets"菜单项内容如图 1-12 所示。"Assets"菜单项内容说明见表 1-4。

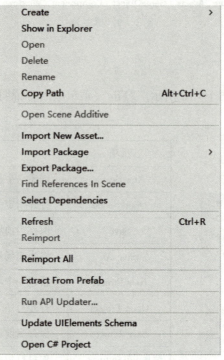

图 1-12 "Assets" 菜单项内容

表 1-4 "Assets" 菜单项内容说明

选项	作用
Create	创建各种项目资源
Show in Explorer	打开所选中资源所在的文件目录
Import New Asset	在文件目录中选择需要导入的资源
Import Package	导入后缀名为".unitypackage"的资源文件包
Export Package	将 Unity 编辑器中的资源打包,并导出后缀名为".Unitypackage"的资源包文件
Select Dependencies	选择依赖,将选中资源的依赖文件也全部选中,此功能主要用于导出文件
Refresh	刷新资源文件
Reimport	重新导入资源

4)"GameObject"菜单项

"GameObject"菜单项主要用于创建各类游戏对象。游戏对象的类型如图 1-13 所示,这些类型在后面会详细介绍,此处暂略之。

5)"Component"菜单项

"Component"(组件)菜单项的主要功能是为游戏对象(Game Object)添加各种类型的功能组件,组件是构成 Unity 游戏对象的基本单元。关于游戏对象,这里需要特别指出的是:游戏对象是 Unity 软件对组成项目工程的各种对象的统称,项目工程并不特指游戏项目,任何使用 Unity 创建的工程都是由游戏对象组成的。"游戏对象"这一名称源于 Unity 起初的定位是游戏引擎,而现在的 Unity 的应用领域早已超出游戏的范畴,但为了保持 Unity 系统的一致性,仍沿用这一名称,其仅代表组成工程的元素,游戏对象的类型包括灯光、相机、角色、UI 等。

每个游戏对象都是由具体的功能和属性组成的个体,组件就是实现游戏对象的特定功能或属性的单元,通常可以按模块化的思路说明组件,每个组件就像一块"积木",而游戏对象就是由组件"积木"所搭建而成的"积木房子",具有特定功能的游戏对象就是特定结构的"积木房子"。只要根据需要选择正确的组件"积木",就可以搭建出满足要求的"积木房子",也就是游戏对象。

"Component"菜单项如图 1-14 所示,其中包含了 Unity 支持的组件类型,在后续的项目实验中会详细介绍。

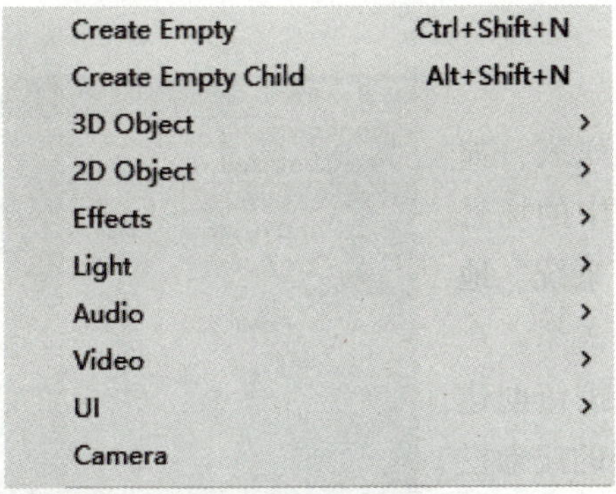

图 1-13 "GameObject"菜单项
(游戏对象的类型)

图 1-14 "Component"菜单项

6)"Windows"和"Help"菜单项

"Windows"菜单项主要用于打开 Unity 编辑器各工作窗口,如"Scene""Hierarchy""Project""Inspector"等窗口。

"Help"菜单项主要用于链接 Unity 官方的各种资源,如用户手册、脚本手册和 Unity 论坛等资源，同时可以通过该菜单项下载其他版本的 Unity 软件，并且允许打开 Unity 软件的许可证管理界面。

2. 工具栏（Tool Bar）

工具栏主要用于控制对象的位移、旋转和缩放操作，如图 1-15 所示。菜单栏主要由两部分组成，左侧是变换组件工具，右侧是变换辅助图标开关，具体功能说明见表 1-5。此处作简单介绍，后续单元中会有更详细的说明。

图 1-15 菜单栏

表 1-5 菜单栏说明

按钮序号	说明
①、②、③、④、⑤、⑥、⑦	左边 7 个按钮分别对应选择工具，移动工具，旋转工具，缩放工具，矩形工具，集移动、旋转、缩放功能于一体的混合工具以及可自定义的工具。前 6 个按钮对应的快捷键分别是 Q、W、E、R、T 和 Y
⑧	"轴对称/中心对称（Pivot/Centre）"切换按钮。通常在"Scene"视窗中选择一个游戏对象，通过该按钮查看其轴心位置
⑨	"Local"保持辅助图标相对游戏对象的旋转； "Global"将辅助图标固定在世界空间方向

3. "Hierarchy"（层级）视图

"Hierarchy"视图也称为"Hierarchy"列表，如图 1-16 所示，主要用于显示当前工程项目中的场景和场景对象（包括 3D 对象、UI 对象、粒子系统、地形系统等），以及对象间的层级关系，即父子关系。在"Hierarchy"视图中可以通过单击"Create"按钮创建新的场景对象，也可以通过"Create"按钮旁的搜索栏搜索已创建的场景对象，还可以根据需要对当前场景中的对象进行排序，这样有利于组织和管理场景对象。

4. "Scene"/"Game"/"Asset Store"（场景/游戏/资源商店）视图

如图 1-17 所示，"Scene"视图、"Game"视图和"Asset Store"视图共用一块区域，单击对应的按钮

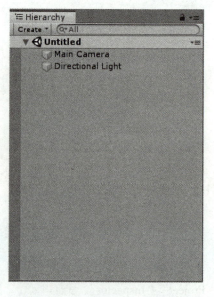

图 1-16 "Hierarchy"视图

可以切换视图。在视图上方有"播放""暂停"和"下一帧"按钮。"播放"按钮用于运行场景,"暂停"按钮用于暂停运行场景,"下一帧"按钮用于运行至下一帧画面。若要逐帧运行场景,可以先单击"暂停"按钮,然后单击"播放"按钮,此时单击一次"下一帧"按钮即可运行一帧场景。

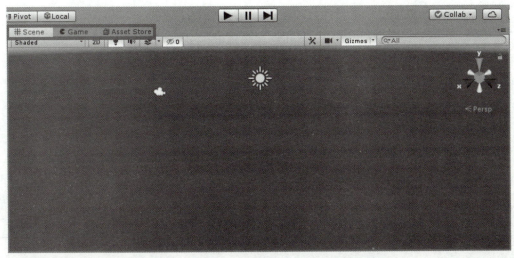

图 1-17 "Scene"/"Game"/"Asset Store" 视图

(1)"Scene"视图:主要用于操作场景中的对象,是一个可交互的视图界面,是场景中绝大部分对象的可视化编辑窗口,开发者可以通过简单的拖拽操作搭建项目场景。"Scene"视图更多地在创建场景内容时使用。

"Scene"视图上方有一行工具栏,如图 1-18 所示,这个工具栏主要作用于"Scene"视图的显示效果。"Scene"视图的使用在单元 3 中会详细介绍。

图 1-18 "Scene"视图工具栏

(2)"Game"视图:该视图是场景中的相机对象渲染出来的。只要单击"播放"按钮,Unity 编辑器会自动切换到"Game"视图。与"Scene"视图相对应,"Game"视图呈现的主要是使用这款应用时看到的画面。"Game"视图工具栏按钮介绍见表 1-6。

表 1-6 Game 视图工具栏按钮介绍

按钮图标	说明
Display 1	如果场景中有多个摄像机,可单击此按钮从摄像机列表中进行选择。在默认情况下,此按钮设置为"Display 1"(可以在摄像机模块中的"Target Display"下拉菜单下将显示分配给摄像机)
Free Aspect	定义"Game"视图的宽高比或者分辨率,用于模拟不同宽高比或分辨率下的画面显示效果

续表

按钮图标	说明
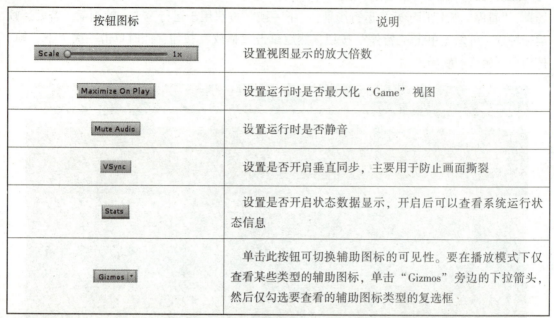	设置视图显示的放大倍数
	设置运行时是否最大化"Game"视图
	设置运行时是否静音
	设置是否开启垂直同步,主要用于防止画面撕裂
	设置是否开启状态数据显示,开启后可以查看系统运行状态信息
	单击此按钮可切换辅助图标的可见性。要在播放模式下仅查看某些类型的辅助图标,单击"Gizmos"旁边的下拉箭头,然后仅勾选要查看的辅助图标类型的复选框

"Asset Store"视图:Unity 官方的资源商店,可以在其中下载或者购买一些资源或者第三方插件。

5. "Inspector"(检视)视图

在"Hierarchy"视图中选择一个对象,可以在"Inspector"视图中看到该对象的属性,即组件信息,可以通过修改组件中的值来修改对象的属性。在"Hierarchy"视图中选择"Main Camera"对象,可以在"Inspector"视图中看到该对象对应的属性,如图 1-19 所示。

每个对象的"Inspector"视图都会有图 1-20 所示的基本属性。

(1)左边的复选框决定对象是否激活(即在当前场景中是否可使用)。

(2)"Main Camera"是对象的名字,可以修改。

(3)是否勾选"Static"复选框可以决定对象是否是静态的,静态对象在光照烘焙和自动导航寻路系统中有很重要的作用。

(4)"Tag"(标签)用来为对象进行分组,脚本中可以按 Tag 查找或操作一组对象。

(5)"Layer"(层)与"Tag"类似,也用于游

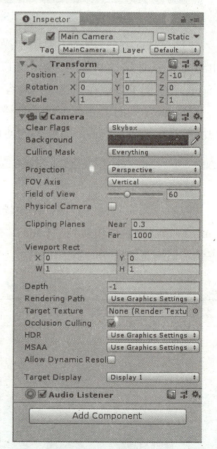

图 1-19 "Main Camera"对象的"Inspector"视图

戏对象的分组。

"Transform"（变换）组件是对象的基本组件（图1-21），细心的读者可以发现"Transform"组件的图标旁是没有复选框的，这是因为该组件不允许处于非启动状态，并且该组件是每个对象必须具有的组件（包括空对象）。该组件的属性有"Position"（位置坐标）、"Rotation"（旋转角度）和"Scale"（尺寸缩放比例），通过修改对应的属性，可以使对象产生位移、旋转和缩放效果。

图1-20 "Main Camera"对象的基本属性

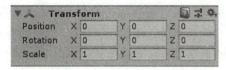

图1-21 "Transform"组件

6. "Project"/"Console"（项目/控制台）视图

"Project"/"Console"视图如图1-22所示。

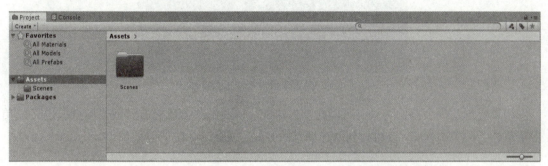

图1-22 "Project"/"Console"视图

（1）"Project"视图：可以查看Unity软件允许的资源文件，如图片、音频、视频、场景文件、脚本文件等，其目录结构与资源文件在硬盘上的目录同步，以方便对物理文件进行查找和管理。

（2）"Console"视图：用于调试项目，主要功能是打印警告、错误和日志信息。

以上是Unity编辑器的基本视图介绍，执行"Layout"→"Defaule"命令可以将视图布局设置为"Defaule"（默认）布局，如图1-23所示。除了"Default"布局外，还有"2 by 3""4 Split""Tall"和"Wide"布局，开发者可以根据需要选择不同的布局。若这些布局都不能满足需求，开发者可以直接调整每个视图在Unity编辑器中的位置，调整完成后执行"Layout"→"Save Layout…"→输入自定义布局名称→"Save"命令保存自定义布局，这样开发者便能根据开发需要一键切换视图布局。

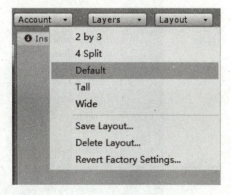

图1-23 选择视图布局方式

任务1.5 创建一个场景

前面一直提到"场景"一词,那么场景是一个什么概念呢?Unity软件中的场景是一种资源类型,在一个场景中可以创建多个对象,场景之间可以相互切换,场景的切换主要由脚本控制,即由编程控制。比如制作一个具有两个关卡的游戏,那么可以为这两个关卡制作两个场景,通过编写游戏脚本实现关卡切换,即场景切换。

创建并进入项目后,Unity编辑器会默认创建一个新场景,按组合键"Ctrl + S"可以保存当前场景,这里建议在"Project"视图中创建一个专门存放场景的文件夹"Scenes",如图1-24所示。

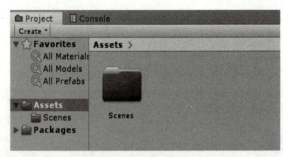

图1-24 创建存放场景文件的文件夹

如果要创建一个新的场景,可以在"Project"视图中单击鼠标右键创建场景,也可以单击菜单栏上的"Assets"按钮找到创建场景的方式,如图1-25所示。

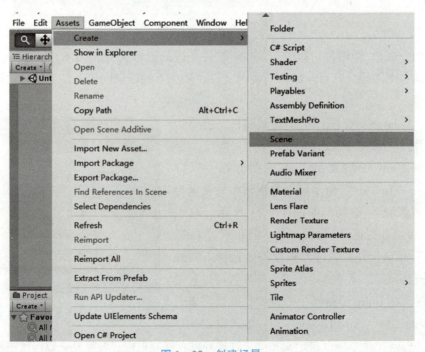

图1-25 创建场景

任务1.6 在场景中创建对象

【知识点1-1】 Unity编辑器中创建对象的3种方式。

（1）第一种：单击菜单栏中的"GameObject"按钮选择需要创建的对象，如图1-26所示，蓝色框内的选项是可以被创建的对象类型（包括空对象、3D对象、2D对象、粒子系统对象、灯光对象、音视频对象、UI对象、相机对象等）。

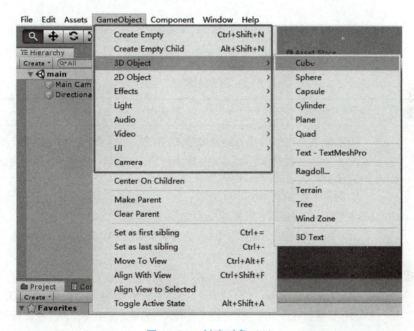

图1-26 创建对象（1）

（2）第二种：在"Hierarchy"视图中空白处单击鼠标右键，选择需要创建的对象，如图1-27所示。

（3）第三种：在"Hierarchy"视图上部有一个"Create"按钮，单击该按钮选择需要创建的对象，如图1-28所示。

当对象创建成功后，可以在"Hierarchy"视图中看到该对象，可对该对象进行复制、删除、重命名等操作，选中该对象后还可以在"Inspector"视图中看到该对象的组件，即属性信息。

在图1-28中可以看到游戏对象的类型有8种，具体说明见表1-7。另外还有一种Empty（空对象）类型，主要用作父对象（容器）管理子对象，或者作为脚本资源存储容器。

图1-27 创建对象（2）

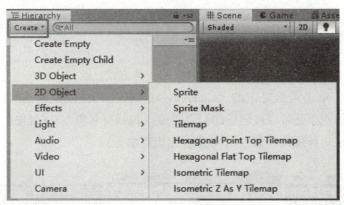

图 1-28 创建对象（3）

表 1-7 游戏对象类型说明

游戏对象类型	说明
3D Object	3D 对象主要用于创建各种基础的 3D 对象，如 Cube（立方体）、Cylinder（圆柱体）、Capsule（胶囊体）、Sphere（球体）等；还包括一些地形系统相关的 3D 对象
2D Object	2D 对象主要包含两种： （1）Sprite（精灵）：一种图片类型； （2）Tilemap（瓦片地图）：Unity 软件提供的快速构建 2D 场景的系统
Effects	特效对象主要有 3 种： （1）Partical System（粒子系统）：粒子系统是 Unity 编辑器的一个出色的模块，可以制作各种特效，如风、火、雨、雪等天气特效，或者魔法阵等攻击特效； （2）Trail（尾巴拖拽效果）：该特效的特点是拖拽后尾巴可以发生一系列特效，典型的例子是彩带效果； （3）Line（线效果）：与尾巴拖拽效果类似，只是尾巴没有独特的效果
Light	灯光对象主要有 4 种基本光源、反射探头和灯光探头组。 （1）4 种基本光源：Directional Light（平行光）、Point Light（点光源）、Spot Light（聚光灯）和 Area Light（区域光）； （2）Reflection Probe（反射探头）：主要用于采集采样点的光线反射信息，这些信息可用于移动对象的动态光照渲染； （3）Light Probe Group（灯光探头组）：主要用于捕捉灯光细节，使灯光能够更好地渲染场景中的物体对象
Audio	音频对象包括 Audio Source（音频源）和 Audio Reverb Zone（音频混响区）对象，主要用于设置音频的相关属性
Video	视频对象主要用于加载视频片段和设置其播放属性

续表

游戏对象类型	说明
UI	UI 对象是指在 Canvas（画布）上渲染的对象，包括 Image（图片）、Text（文字）、Button（按钮）、DropDown（下拉列表）等基本 UI 控件。要注意区分 2D 对象与 UI 对象
Camera	相机对象：Unity 编辑器中的相机有人眼的功能，相机所能看到的即拍摄的画面内容，也就是观众所能看到的显示效果

【知识点 1-2】 创建一个 3D 对象，该 3D 对象为 Cube 类型，默认命名为"Cube"，并尝试使该对象进行位移、旋转和缩放。

如图 1-29 所示，可以通过拖动不同颜色的轴移动对象的位置，改变坐标，其中红色代表 X 轴，绿色代表 Y 轴，蓝色代表 Z 轴（以下其他坐标系也遵循这个颜色规则）。

如图 1-30 所示，可以通过拖动不同颜色的小方框对对象进行缩放。

如图 1-31 所示，可以通过拖动圆环线来改变对象的角度，使对象旋转。

如图 1-32 所示，可以将以上 3 个功能混合使用。

> 快捷键说明：
> F 键：聚焦功能，单击鼠标左键选中场景对象后，按下 F 键使"Scene"视图聚焦于当前所选对象，即选中的对象会显示在"Scene"视图的正中央。
> W 键：切换为位移工具。
> E 键：切换为旋转工具。
> R 键：切换为缩放工具。
> Y 键：切换为移动、旋转、缩放混合工具。

图 1-29 位移工具

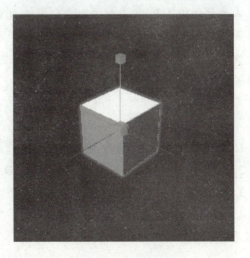

图 1-30 缩放工具

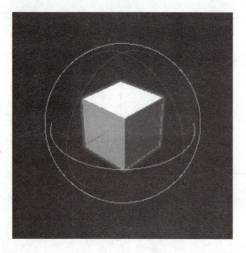 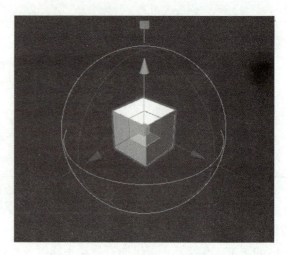

图 1-31　旋转工具　　　　　　　　　图 1-32　移动、旋转、缩放混合工具

知识拓展

在前面的介绍中，还有很多关于菜单栏的细节没有被提及，可根据需要在 Unity 帮助文档中获得详细介绍，但建议在实际的项目制作中了解、使用它们。

此外，不难发现同样的一个功能在上述介绍中会重复出现在不同的面板下，笔者认为这是 Unity 软件的优点之一，也是其在不断进步的表现。在菜单栏处可以创建一个场景对象，在"Hierarchy"视图中也可以做到同样的事情，笔者更习惯在"Hierarchy"视图中进行该操作，因为这更贴合操作逻辑。希望各位读者在学习、使用 Unity 软件的过程中多摸索，找到适合自己的使用方式，活学活用。

单元小结

本单元介绍了 Unity 软件是什么以及它能做什么，使读者从 Unity 软件提供的基础功能到市面上利用 Unity 软件制作的软件都有初步了解，并且了解配套的 Unity Hub 软件的作用。想必读者仍然有很多疑惑或者不解之处，这些疑惑都会在本书后续单元中通过实例的方式得到解答。

思考与练习

1. 如何修改和保存 Unity 编辑器界面的布局方式？
2. 如何将 3D 的"Scene"视图切换成 2D 平面？
3. Unity 软件能够识别的资源有哪些类型？请列举至少 5 种资源类型。
4. "Project"视图、"Hierarchy"视图、"Scene"视图和"Inspector"视图各自的作用和相互联系是什么？

实　　训

1. 新建一个场景，并将其命名为"MainScene"。

2. 创建一个3D对象，类型为Sphere，重命名为"3D_Sphere"，并移动、旋转和缩放该对象。

3. 创建一个空对象，将实训2中的"3D_Sphere"对象作为其子对象，描述两者此时互相影响的关系。

单元 2

3D模型资源导入

学习目标

(1) 了解 Unity 项目中资源的概念;
(2) 掌握模型网格资源的导入设置和使用方法;
(3) 掌握模型材质资源的导入设置和使用方法;
(4) 掌握模型动画资源的导入设置和使用方法。

任务描述

通过本单元的学习了解 Unity 项目中的资源是什么,将资源的概念与资源的具体文件结合,并学习如何为 Unity 项目导入外部资源。

模型作为资源之一,是本单元的重点,从模型资源的概念,到模型网格、模型材质和模型动画都是需要开发者掌握的知识点,以便在使用这些模型资源时能够游刃有余。

任务 2.1 了解资源

资源是一个 Unity 项目所拥有的音频、视频、图片、模型等各种要素的总称。如游戏软件中的背景音乐使用音频资源,过场动画使用视频资源,游戏菜单使用图片资源,各种建筑物、人物使用模型资源等。

【知识点 2-1】 什么是模型资源?

本书讨论的模型资源泛指 3D 模型(Three Dimensions Model),表示 3D 立体模型,如图 2-1 所示。模型包括各类建筑、植被、人物等,通常在游戏软件中看到的 3D 立体对象都是由模型构成的。通常模型可分为静态和动态两类。静态模型多数为建筑物、植被等不可移动的模型,而动态模型为程序运行过程中会发生变化(位置、朝向、大小、形态等)的模型,如人物模型。

模型资源都是独立的文件,和图片、音频一样,有相应的文件格式。Unity 对于不同文件格式的模型,所支持

图 2-1 3D 模型

的内容有些许差异，见表2-1。

表2-1　Unity对于不同文件格式模型所支持的内容

模型文件格式	网格（Mesh）	纹理（Texture）	动画（Animation）	骨骼（Bones）
.max	√	√	√	√
.3ds	√	—	—	—
.obj	√	—	—	—
.fbx	√	√	√	√

【知识点2-2】　什么是模型的网格？

模型中最重要的组成部分为网格。3D模型是由位于3D空间中的顶点（Vertex）、顶点与顶点之间的连线以及这些线所围成的多边形面构成的空间封闭区域，通常顶点与顶点之间的连线会形成三角形或者四边形等多边形，这些多边形的连接就构成了复杂的立体模型，这些多边形连接形成的网格结构称为模型的网格，也就是模型的外观形状，如图2-2所示（从左到右分别是选中模型的全部顶点、线、面）。注意：为了让模型表现更容易被接受，图2-2中添加了木纹材质。

图2-2　模型的网格

【知识点2-3】　什么是模型的材质（Material）？

模型的网格本身是没有纹理表现的，模型的材质决定了模型外观的表现形式，比如木质、塑料、金属等材质效果，同时模型表面的纹理图案也是通过材质设定的。比如制作一个地板网格后，可以通过材质来表达这是木地板还是瓷砖地板，如图2-3所示。

【知识点2-4】　什么是模型动画？

动画是由许多帧静止的画面，以一定速度连续播放，使肉眼因视觉残像产生错觉，从而产生画面活动的效果。模型动画也是同样的，在每帧中对模型设定动作后，通过播放使模型动起来，如图2-4所示（3张截图中帧数是连续的，而人物模型的左脚也有相应的变化）。

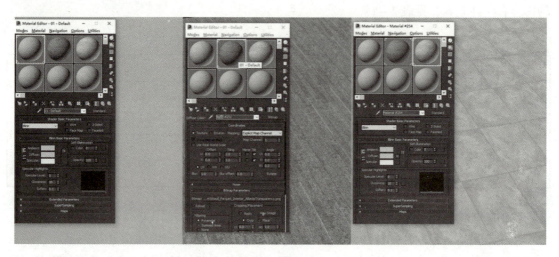

图 2-3 材质表现

图 2-4 动画帧数

任务 2.2 将资源添加到项目中

Unity 的资源一般分为两种形式,一种是以".unitypackage"为后缀的 Unity 资源包,另一种是独立文件,即"*.fbx""*.mp4""*.png"等格式的资源文件。资源包是 Unity 项目中的文件和数据的集合或项目的元素,它们被压缩并存储在一个类似 zip 文件的文件中。与 zip 文件一样,资源包在解压缩后保持其原始目录结构,其中还包括资源的元数据(例如导入设置和指向其他资源的链接)。

下文以本书提供的"3D Assets.unitypackage"、Unity 提供的"Standard Assetes.unitypackage"为例,讲解如何导入资源。

> **注意:**
> "Standard Assets.unitypackage"可以在 Unity 的 Asset Store 中下载。

在菜单栏中选择"Assets"→"Import Package"→"Custom Package"选项,或者直接将 Unity 资源包拖拽到 Unity 的"Project"视图中,这两种方式均会触发"Import Unity

Package"窗口。

该窗口用于预览当前选择的资源包内容，并且根据"*.meta"文件提示资源包中的内容相对于项目而言哪些是新的内容，哪些是已存在的内容。如图2-5所示，可以看到项目资源中没有的内容会默认勾选，并且有"New"字样的标签提示，而已经存在于项目中的资源默认不勾选，也无法勾选。确定要导入的内容后，单击右下角的"Import"按钮即可开始导入操作。

图2-5 "Import Unity Package"窗口

独立的资源文件通过直接拖拽到"Project"视图即可完成导入操作，也可以通过资源浏览器，将资源文件直接放置到项目工程目录指定的位置，然后重新回到Unity操作界面，这时Unity仍然会自动执行导入操作。

注意：

（1）如果Unity没有对新导入的资源完成导入操作，请查看"Console"视图是否有报错信息，如果有报错信息需要先解决报错问题。

（2）资源导入成功后，可以在Unity的"Project"视图中看到该模型，并且在资源管理器中可以看到一个与资源同名的"*.meta"文件。该"*.meta"文件存储着关于该资源的位置信息等，不可手动改动该文件。

任务 2.3 正确设置"Model"选项卡

在导入"3D Assets. unitypackage"后,通过菜单栏的"Window"→"General"选项,确保"Project"视图和"Inspector"视图均已开启。在"Project"视图中选择本项目提供的"table03. fbx"资源,可以在"Inspector"视图中查看对应的导入配置,分别有"Model""Rig""Animation"和"Materials"4个选项卡。

"Model"选项卡可以分为"Scene""Meshes"和"Geometry"3个模块,这样方便在学习、使用过程中快速找到需要设置的内容。

1. "Scene" 模块

"Scene"模块用于修改模型在场景中的一些默认属性,比如是否导入光源和摄像机以及使用何种缩放因子,如图 2-6 所示。表 2-2 详细地介绍了部分属性的作用。

图 2-6 "Model" 选项卡的 "Scene" 模块

表 2-2 "Scene"模块属性说明

属性	说明
Scale Factor	当原始文件比例(来自模型文件)不符合项目中的预期比例时,设置此值以应用导入模型中的全局比例。Unity 的物理系统希望游戏世界中的 1 m 在导入文件中为 1 个单位。
Convert Units	Unity 中 1 个单位特指 1 m,而建模时,1 个单位不一定特指 1 m(可能是 cm、mm 等)。导入模型时,如果不勾选此属性,那么 Unity 读取模型的大小不会在意单位转换,默认使用 m 为单位。 例如模型默认大小为(300 mm×300 mm×300 mm),若导入后不勾选此属性会默认转换成(300 m×300 m×300 m)。 此处建议勾选此属性
Import BlendShapes	勾选此属性后将导入混合图形(如果该模型带有),常见的适用于制作模型的表情动画。 此处建议不勾选此属性

续表

属性	说明
Import Cameras	是否从模型文件中导入摄像机（如果该模型有摄像机）。 此处建议不勾选此属性
Import Lights	是否从模型文件中导入灯光（如果该模型有灯光）。 此处建议不勾选此属性

此处以模型"table03.fbx"为例说明。通过图2-6可以看到模型导入的默认设置，在"Convert Units"属性处可以看到模型文件的默认单位为mm，以及转换成Unity的默认单位为m，转换比例为1 mm=0.001 m。通过这个尺寸单位转换，可以统一整个场景中每个模型的尺寸单位，便于工程管理。通常情况下勾选"Convert Units"属性。

那么如何确定"Scale Factor"属性的值呢？上面提到的只是单位，抛开单位，模型本身有一个尺寸。比如一个模型的Scale值为（300×300×300），在Unity中可以通过改变Scale值去等比例地影响模型每个维度上的尺寸。具体地讲，可以将模型放入场景中与其他物体作对比，决定一个合适的"Scale Factor"属性值来修改。如果场景中还没有物体可以作对比，可以在场景中创建一个Cube对象，在将其Scale值保持为（1×1×1）的情况下与导入的模型作对比，进而确定导入模型的合适的"Scale Factor"属性值，如图2-7所示。

图2-7 Scale对比

本书提供的模型资源在导入"Model"选项卡的"Scene"模块时，可以参考图2-6进行设置。

2. "Meshes"模块

"Meshes"模块主要用于修改网格的导入质量等，如图2-8所示。表2-3详细地介绍了部分属性的作用。

图2-8 "Models"选项卡的"Meshs"模块

表 2-3 "Meshs"模块属性说明

属性	说明
Mesh Compression	对网格进行压缩，以减少占用的存储空间。 （1）Off：不执行压缩操作。 （2）Low/Medium/High：在 Unity 既定的规则下对网格进行一定的压缩，等级越高，对模型的精度的影响越大。 此处建议选择"Off"选项
Read/Write Enabled	如果需要通过代码改变模型的网格，或者需要把网格赋值给网格碰撞体（Mesh Collider）时，Unity 就会启用"Read/Write"标签。但是如果模型没有用到网格碰撞体，也没有通过脚本去改变网格时，关闭该标签将节省一半内存。 此处建议不勾选此属性
Optimize Mesh	勾选此属性后，Unity 会对网格的三角形排列进行优化，重新对顶点和索引排序来提升 GPU 效率。 此处建议选择"Everything"选项
Generate Colliders	勾选此属性后会为网格生成网格碰撞体（根据网格的形状生成的网格碰撞体），该属性适用于静止的模型（如建筑物），不应使用在活动的模型（如人物）上。 此处建议勾选此属性

此处的"Mesh Compression"属性暂时设置为"Off"，在项目的最后阶段会整体作性能上的优化调整，前期暂时不考虑。

因为该模型（"table03.fbx"）在场景中固定在一个位置，不需要改变模型的网格，所以此处不勾选"Read/Write Enabled"（CPU 读/写权限）属性。

"Generate Colliders"属性可以帮助开发者快速得到一个与模型近似的碰撞体，在开发过程中提供一定的便利性，所以此处暂时勾选，等到后期优化时再考虑用更简易的碰撞体进行替代。

"Optimize Mesh"属性保持默认选项"Everything"即可。

本书提供的模型资源在导入"Model"选项卡的"Meshes"模块时，可以参考图 2-8 进行设置。

3. "Geometry"模块

"Geometry"模块用于对模型进行处理拓扑、UV 和法线的设置，如图 2-9 所示。表 2-4 详细地介绍了部分属性的作用。

单元2　3D模型资源导入

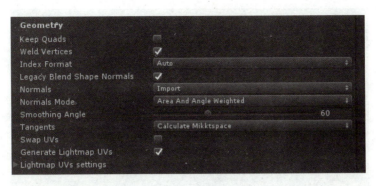

图2-9　"Models"选项卡的"Geometry"模块

表2-4　"Geometry"模块属性说明

属性	说明
Keep Quads	Unity支持任何类型的多边形（三角形~N边形），导入后会将具有4个以上顶点的多边形（不包括四边形）转换成三角形。如果保持勾选该属性，那么Unity将创建两个子网格，以区分四边形和三角形，即每个子网格只包含三角形或四边形
Weld Vertices	导入的模型中可能有不同的顶点共享相同的位置，勾选此属性后会将共享相同位置（并且总体上共享相同的属性，包括UV、法线、切线和顶点颜色）的顶点进行合并，以减少网格的数量来优化网格上的顶点
Generate Lightmap UVs	勾选该属性会为光照贴图创建第二个UV通道。 此处建议勾选该属性

有时模型的四边形面表现比三角形面好，所以需要勾选"Keep Quads"属性，此处不需要，所以不勾选。

"Wled Vertices"属性默认勾选，如果勾选后模型的外观出现问题，可能需要重新检查该模型是否存在问题。

"Generate Lightmap UVs"属性需要勾选，为了后续对场景烘焙时能够将相关的光照UV应用到模型上。

本书提供的模型资源在导入"Model"选项卡的"Geometry"模块时，可以参考图2-9进行设置。

任务2.4　正确设置"Materials"选项卡

"Materials"选项卡用于模型材质的导入设置，如图2-10所示，部分属性说明见表2-5。

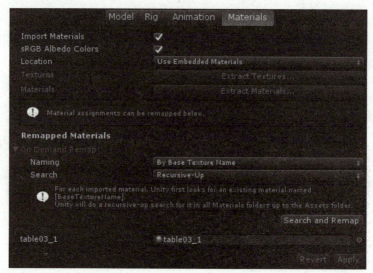

图 2-10 "Materials" 选项卡

表 2-5 "Materials" 选项卡属性说明

属性	说明
Import Materials	导入模型附带的材质
sRGB Albedo Colors	勾选该属性会在 Gamma 空间中使用漫反射光照。此属性默认勾选
Location	定义如何使用材质和纹理。 （1）Use Embedded Materials：将导入的材质保存在该资源内。Unity 2017.2 以后版本默认选择该选项。 （2）Use External Materials（Legacy）：将导入的材质分离出来，作为一部分独立的资源。适用于使用 Unity 2017.1 或更早版本的项目，是 Unity2017.2 及以前版本的默认选项
Extract Textures	将模型资源的纹理贴图单独提取出来，如果导入的模型没有纹理贴图，那么该按钮为灰色
Extract Materials	将模型资源的材质单独提取出来，如果导入的模型没有材质，那么该按钮为灰色
On Demand Remap→Naming	命名方式。 （1）By Base Texture Name：使用 Textures 原始名字。 （2）From Model's Material：从模型材质获得。 （3）Model Name + Model's Material：使用 Textures 原始名字 + 模型材质获得的组合来重命名

续表

属性	说明
On Demand Remap→Search	选择搜索模型对应材质的方式。 （1）Local Materials Folder：在局部材质文件夹中查找，即在与模型文件同一层级的文件夹中查找。 （2）Recursive – Up：在模型所在文件夹及其所有父级文件夹中查找。 （3）Project – Wide：在当前整个 Unity 项目的文件夹中查找
Search and Remap	根据 Naming 和 Search 的条件检索模型对应的材质，并且重命名
材质列表	清楚地列出模型用到的每种材质

仍以模型"table03.fbx"为例。勾选"Import Materials"属性才能够导入模型的材质。此处默认勾选"sRGB Albedo Colors"属性，"Location"属性选择"Use Embedded Materials"选项即可。如果需要使用模型的贴图或材质，可以额外使用"Extract Textures/Materials"属性，以避免直接使用模型的贴图或材质，因为一旦发生变化，会影响模型的表现。

本书提供的模型资源在导入"Materials"选项卡时，可以参考图 2 – 10 进行设置。

任务2.5　正确设置"Rig"选项卡

"Rig"选项卡如图 2 – 11 所示，主要用于定义 Unity 如何将变形器（deformers）映射到导入的模型网格中，主要分为类人形（即形似人类的模型）和非人形（动物等，如图 2 – 12 所示）两种。在默认情况下，Unity 在初次导入模型时，会自动决定哪种 Animation Type（动画类型）与该模型最匹配，但如果模型没有动画时，默认为 None。

图 2 – 11　"Rig"选项卡

本任务需要使用 Unity 提供的"Standard Assets.unitypackage"资源包中的"Ethan.fbx"模型。

"Animation Type"属性说明见表 2 – 6。"Humanoid"类型说明见表 2 – 7。"Generic"类型说明见表 2 – 8。

表 2-6 "Animation Type" 属性说明

属性	说明
Animation Type	该模型的动画类型。 (1) None：模型不存在动画。 (2) Legacy：使用以往的动画系统（即Unity3.X及更早版本的动画系统）。 (3) Generic：当模型为非人形时（四足动物或其他需要动画的实体），一般选择该类型。Unity会选择一个根节点，也可以手动设置其他骨骼作为根节点。 (4) Humanoid：当模型是类人形（通常的标准为具有两条腿、两条手臂和一个头）时，选择该类型。Unity一般情况下会自动将变形器映射到模型上，也可以手动调整

表 2-7 "Humanoid" 类型说明

属性	说明
Avatar Definition	该模型 Avatar 的获得方法。 (1) Create From This Model：根据该模型创建一个模型。 (2) Copy From Other Avatar：指向另一个模型身上的 Avatar
Source	从指向 Avatar 的模型身上获取动画。当 "Avatar Definition" 属性为 "Copy From Other Avatar" 时可选
Configure	打开 Avatar 设置表
Skin Weights	与 "Generic" 类型相同，见表 2-8

图 2-12 "Generic" 类型

表 2-8 "Generic" 类型说明

属性	说明
Avatar Definition	该模型 Avatar 的获得方法。 (1) Create From This Model：根据该模型创建一个模型。 (2) Copy From Other Avatar：指向另一个模型身上的 Avatar。

续表

属性	说明
Root node	选择根节点骨骼。当"Avatar Definition"为 Create from this model 时可选。
Source	从指向 Avatar 的模型身上获取动画。当"Avatar Definition"属性为"Copy From Other Avatar"时可选
Skin Weights	设置单个顶点最多可被多少个骨骼影响。 （1）Standard：标准模式，单个顶点最多受 4 个骨骼影响。 （2）Custom：自定义数量
Max Bones/Vertex	设置每个顶点可被 N 个骨骼影响（N 的取值区间为 [1, 32]），数量越多，性能开销越大。当"Skin Weights"属性为"Custom"时可选
Optimize Game Object	优化游戏对象

本任务使用的模型"Ethan.fbx"是"Humanoid"类型动画，所以可以看到对应的选项设置。该任务只需要读者了解不同情况下应该如何选择这些数据。

任务 2.6 正确设置"Animation"选项卡

"Animation"选项卡主要用于读取模型的动画，以及配置动画的导入，如图 2-13 所示，属性说明见表 2-9。

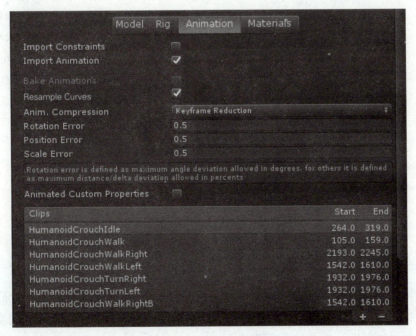

图 2-13 "Animation"选项卡

表 2-9 "Animation" 选项卡属性说明

属性	说明
Import Constraints	从该资源导入约束（Constraints）。 Constraints：约束组件需要一个约束对象，改变约束对象的值（可能是位置、旋转、缩放等），受约束对象也会有相同属性的变化
Import Animation	从该资源导入动画
Bake Animations	烘焙通过 IK 或模拟制作的动画。 该属性只适用于 Autodesk Maya、3ds MAX 和 Cinema 4D 的文件
Resample Curves	将动画曲线重采样为四元数值，并为动画中的每帧生成新的四元数关键帧。 在默认情况下，此属性处于勾选状态。禁用此属性可使动画曲线保持其原始创作状态，仅当原始动画中的关键点之间的插值有问题时才勾选此属性。 仅当导入文件包含欧拉曲线时才显示。
Anim. Compression	设置导入时对动画的压缩。 （1）Off：不对动画进行压缩。保持动画的完整导入，但是需要付出相对应的性能开销以及更大的内存开销。通常情况下不选择该选项，如果需要保证动画的高精度，一般情况下应该选择 "Keyframe Reduction" 选项，并且减小容纳压缩动画的错误值。 （2）Keyframe Reduction：在导入时减少多余的关键帧。如果选择该选项，将显示 "Animation Compression Errors" 属性。这会影响文件大小（运行时内存）和计算曲线的方式。 （3）Keyframe Reduction and Compression：在导入时减少关键帧，在文件中存储动画时压缩关键帧。这只影响文件大小，运行时内存大小与关键帧减少相同。如果选择该选项，将显示 "Animation Compression Errors" 属性。 （4）Optimal：让 Unity 决定如何压缩，要么通过关键帧减少，要么使用密集格式，仅适用于 "Generic" 和 "Humanoid" 类型
Animation Compression Errors	仅在选择 "Keyframe Reduction" 或 "Keyframe Reduction and Compression" 选项时可用。 （1）Rotation Error：旋转曲线的减少量。值越小，精度越高。 （2）Position Error：位置曲线的减少量。值越小，精度越高。 （3）Scale Error：缩放 S 曲线的减少量。值越小，精度越高。
Animated Custom Properties	用户自定义属性。

动画剪辑（Animation Clip）列表如图 2-14 所示，可以查看当前的动画片段、起始帧和结束帧位置，并且可以执行添加或删除操作。选中动画片段后，可以在下面的视图中查看该动画片段的详细属性，并对其进行设置。

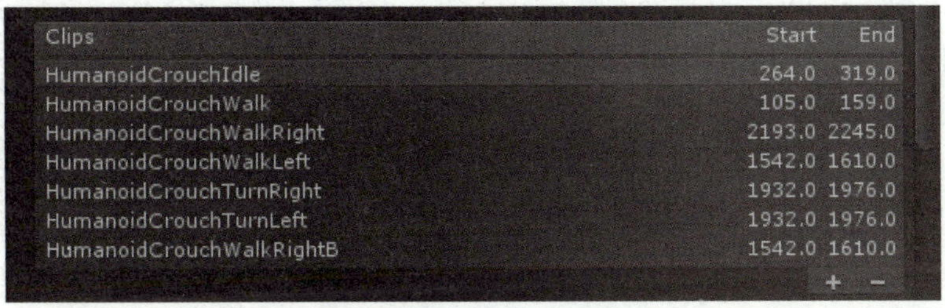

图 2-14 动画剪辑列表

如图 2-15 所示，可以看到最上方是该动画片段的名字，紧接着是该动画片段在时间轴上的起点与结束位置，可以通过时间轴的两个游标（Mark）进行调整，也可以在下面的"Start"和"End"输入框中输入指定帧数。

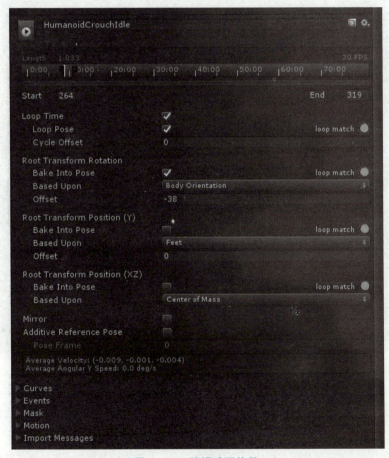

图 2-15 编辑动画片段

知识拓展

1. Meta 文件

Unity 项目中的每个文件都有一个对应的 Meta 文件，它是 Unity 自动生成的。每个资源文件导入 Unity 时，Unity 会为其分配唯一 ID，紧接着为其创建一个 Meta 文件。唯一 ID 的作用是在 Unity 内部通过此 ID 引用资源，同时资源所在位置移动或重命名等操作发生时，不会影响 Unity 对该资源文件的引用。

Meta 文件中最重要的是记录了 Unity 为资源分配的唯一 ID（仅相对于这个项目而言）。Meta 文件创建时在对应的资源文件名称（含其文件本身的后缀）末尾加上". meta"，如"Bed. FBX. meta"。利用编辑器（如 Visual Studio Code）打开 Meta 文件，就可以看到文件的内容，如图 2-16 所示。Meta 文件的部分属性说明见表 2-10。

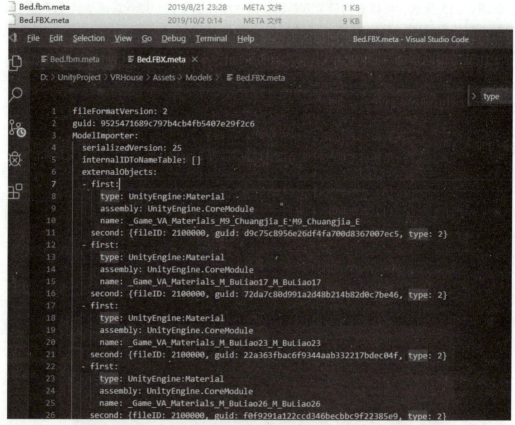

图 2-16 "Bed. FBX. meta"

表 2-10 Meta 文件的部分属性说明

属性	说明
Guid	Meta 文件中存储的 Guid 值是唯一的，是其指向的资源文件的身份标识。凡是对该资源的引用，都需要用到该值，所以不可以手动改变该值
Model Importer	对应导入时的设置，可以看到每项属性的名字都能与"Inspector"视图对应

当开发者需要移动项目中已有的资源，例如调整资源的目录结构时，应尽量在 Unity 编辑器中完成，因为 Unity 会根据移动的文件同时将其相关的 Meta 文件同步移动，而在系统的

资源管理器中移动时，则需要开发者手动将这些文件同步移动。

2. Unity 项目结构

此处介绍关于 Unity 的项目文件结构。在 Unity 的"Project"视图中，单击鼠标右键选择"Show in Explorer"选项（图 2-17），可以在资源管理器中打开 Unity 项目所在的磁盘路径。

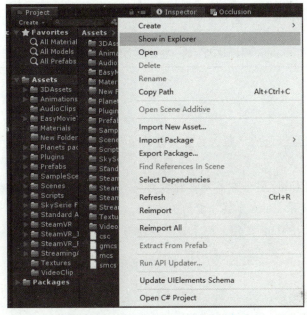

图 2-17 "Show in Explorer"选项

在资源管理器界面中可以看到如在"Project"视图中所见的文件夹、文件等内容。返回上一级，可以看到图 2-18 所示的文件层级。Unity 项目常见文件夹含义说明见表 2-11。

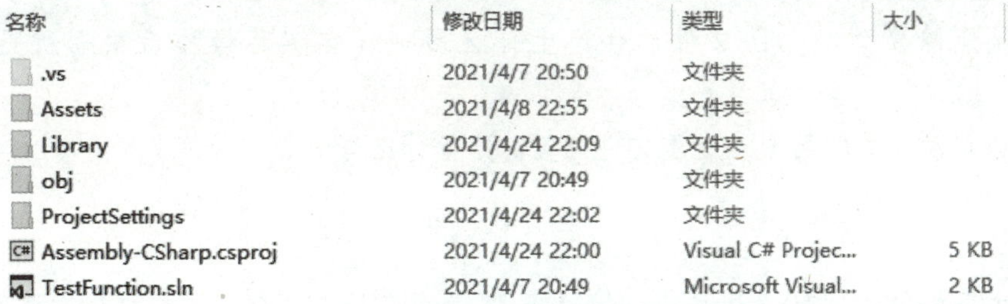

图 2-18 Unity 项目文件层级

表 2-11 Unity 项目常见文件夹含义说明

文件夹名称	说明
Assets	Unity 项目的资源文件夹，所有在 Unity 项目中使用的资源都保存在该文件夹下
Library	存储多种数据，如该项目的输入、标签等的设置，资源文件的导入设置等。该文件夹可以被认为类似于缓存文件夹

续表

文件夹名称	说明
Logs	Unity 工作过程中的日志文件
Packages	当前 Unity 项目中使用到的 Unity 内置的官方功能包
ProjectSettings	存储该 Unity 项目的设置信息，包括该 Unity 项目最后一次打开时所使用的 Unity 版本
Temp	打开 Unity 项目时产生的一些临时文件，关闭 Unity 项目后会自动删除

单元小结

本单元通过对资源概念的讲解，结合实际的模型资源导入，使读者对 Unity 项目中的资源有一个全面的了解。

读者还可了解到 Unity 引擎在导入资源过程中的工作内容，如为每个资源文件创建独立的 Meta 文件，用于记录 Unity 为其分配的唯一 ID，以便 Unity 项目对该资源的引用，并确保资源的改动信息也写入 Meta 文件，便于资源的改动记录及导出。

思考与练习

1. 简述对资源的理解。
2. 简述导入模型资源（不含动画模块）时需要执行的操作。
3. 简述导入模型资源（特指动画模块）时需要执行的操作。
4. 简述"Preview"视图的作用。
5. 简述在模型导入时改变缩放和在场景中改变缩放有什么区别。
6. 简述删除模型的贴图文件后会产生什么影响（在实际操作后根据所见所得进行回答）。
7. 简述移动模型的贴图、材质文件位置会产生什么影响。

实　　训

1. 将本书提供的"3D Assets. unitypackage"的内容导入项目，并对模型资源进行设置。
2. 通过"Materials"选项卡为模型导入材质，并说明不同导入方式的区别。
3. 在"Project"视图中管理导入的模型资源。

单元 3

搭建房屋结构

学习目标

（1）了解 Unity 中场景的概念；
（2）掌握 Unity 中 "Scene" 视图的使用方法；
（3）了解 Unity 中 "Pivot"/"Center" 按钮的意义，并掌握其使用方法；
（4）了解 Unity 中 "Local"/"Global" 按钮的意义，并掌握其使用方法。

任务描述

通过本单元了解 Unity 中场景的概念，并在前面两个单元的基础上学习创建场景的方法，将模型资源添加到场景中。

本单元更加深入地介绍 "Scene" 视图的功能，在实验过程中介绍一些常用的工具，如何在适当的时候使用它们需要根据实际情况确定。

任务 3.1　了解场景

场景是各种资源素材搭配来实现某个虚拟环境的载体。例如摆放一个房屋模型，在里面添置各种家具模型后，就搭建了一个简单的室内环境。这些操作都是在一个场景中完成的，场景作为一个载体，存放着一个环境中的各类元素，通常包括模型、音频、灯光等。

在游戏中，一个关卡通常作为一个单独的场景，不同关卡之间的跳转可以理解为多个不同场景的转换。为什么需要这样做呢？下面从两个角度出发进行分析。

1. 从性能的角度出发

当项目都是室内场景时，需要从性能的角度出发进行考量。用户总是只能看到当前场景的内容（指模型，因为场景就是通过模型摆放来营造的），而其他场景的内容用户必须移步到对应场景才能查看。

那么如果将项目中的所有场景都汇聚在一个场景中进行展示，其对运行设备的要求非常高，因为同时加载这么多资源，不仅对内存的存储空间来说是一种负担，同时占据大量的运算性能，这些都是不必要的，所以可以分割场景，当用户在某个场景中时，只加载对应场景的内容。

2. 从项目逻辑出发

假设从一个游戏项目的角度出发，通常会随着游戏剧情的进度推展，拓展出不同的场景——从刚开始游戏时的新手指引，到游戏背景呈现不同的室内环境、室外环境。如果从现实生活的角度出发，认为在同一个环境（如地球）中，应该实时涵盖所有场景，此处可以参考目前的开放世界类型游戏。但这样仍然存在局限性，回顾之前提到的性能问题，以及不同手段的性能优化所带来的项目安装体积（即安装占用的磁盘空间大小）问题等，对性能进行优化时需要提供多种模型，即从原本的一个模型拓展出三四个模型（如后续单元所讲解的 LOD 技术）。这并不适用于所有项目，特别是移动平台方向的应用开发（手机设备就是一个典型的例子）。

任务 3.2　创建一个场景

在"Project"视图中找到名为"Scenes"的文件夹（如果没有则自行创建），双击该文件夹后，在空白处单击鼠标右键，执行"Create/Scene"命令新建一个场景文件。

如图 3-1 所示，可以选择"One Column Layout"或者"Two Column Layout"选项来改变视图的显示方式。

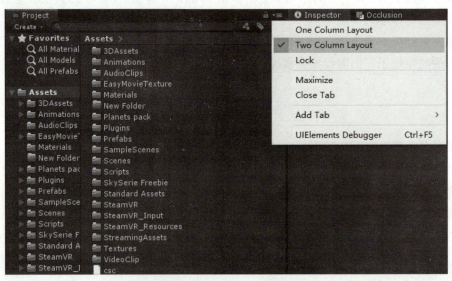

图 3-1　"Project"视图

新建一个场景后，可以通过"Hierarchy"视图看到新建场景中默认只有一个"Main Camera"对象和一个"Directional Light"对象，如图 3-2 所示。每个场景最少要有一个相机（允许有多个相机存在），"Game"视图中显示的就是相机所看到的内容。

图 3-2　初始场景的默认对象

> **注意：**
> 此处强调在"Project"视图中找到指定的文件夹后再创建场景，是为了强调资源分类管理，以使读者在学习初期养成良好的项目组织和管理习惯。这是一个看似可有可无的内容，但是在实践的过程中往往会因为项目资源增加，出现"这个内容应该放在哪里""这个内容该如何命名"等问题，养成良好的项目组织和管理习惯对提高效率具有重大意义。

任务 3.3　为场景添加内容

创建场景意味着创建了一个载体，接着开始为其添加内容。在"Project"视图中找到导入的模型资源。可以通过"Project"视图中，搜索框右侧的"Search by Type"按钮来按资源类型进行筛选。图3-3所示为筛选"Model"类型的资源文件。

图3-3　按资源类型筛选

单击鼠标左键选中所需的资源对象，将其拖拽至"Hierarchy"视图或"Scene"视图中，这样便完成了资源的添加，此处强调一下两种方式的区别。

1. 从"Project"视图拖拽到"Scene"视图中

直接拖拽到"Scene"视图中时，模型会出现在鼠标对应的位置。

2. 从"Project"视图拖拽到"Hierarchy"视图中

因为模型在相关制作过程中是带有位置信息的，在直接拖拽到"Hierarchy"视图中时会应用该模型导出时的位置信息，直接将其摆放到相应位置。

当模型在制作过程中是摆放好具体位置后进行导出的，直接拖拽到"Hierarchy"视图的方式会比较方便，在这个过程中能够将其本身自带的位置信息的作用体现出来。

下面介绍"Pivot"/"Center"按钮的使用方法。

在导出模型时，对于同样的轴信息，即该模型的轴心位置（相对于模型网格）以及朝向，选择"Pivot"按钮时，会显示导出模型时轴心所在位置，如图 3-4 所示；选择"Center"按钮时，会显示根据模型网格渲染编辑的中心，如图 3-5 所示。

图 3-4　选择"Pivot"按钮　　　　　　图 3-5　选择"Center"按钮

Unity 编辑器窗口的顶部显示"当前 Unity 版本 + 当前打开场景名称 + 当前打开项目名称 + 当前发布平台"信息。若对场景进行操作后未保存，在"当前发布平台"信息末尾会出现一个"＊"符号，提示当前的场景发生了改动，并且未保存。按"Ctrl + S"组合键（或通过菜单栏的"File"→"Save"命令）保存后，"＊"符号会消失（在"Hierarchy"视图下也会有相同的提示，如图 3-6 所示）。

图 3-6　未保存提示

任务 3.4 调整场景中的内容

在 Unity 项目制作过程中，将模型添加到场景中时，难免要对其进行调整，这是开发过程中的一个必然步骤，在后续的学习实践过程中，会有大量的此类操作（这类操作总是不可避免的）。

在"Hierarchy"视图中选择某个对象后，在"Scene"视图中可以看到被选择的对象高亮显示，并且在其轴心位置会出现对应的可操作内容，如图 3-7 所示。此时的可操作内容取决于在当前的工具栏中选择的操作按钮是什么，选择不同的操作按钮，可操作内容也不同。

图 3-7 调整场景中的内容

当选中物体后，按住 Alt 键和鼠标左键并移动鼠标，可以发现当前在"Scene"视图中视角的移动是围绕当前选中物体的，而按住鼠标右键并移动鼠标，视角的移动是以自身为中心旋转。在调整一个模型的位置、旋转角度、大小等信息时，往往需要周遭其他模型对象作为参考，那么就要在多个角度的参考下确定是否将模型摆放到了正确的位置。

下面介绍 Unity 中使用的坐标系，以及物体所使用的坐标类型。

1. 世界坐标系与局部坐标系

在 Unity 中有两种坐标系，一种是世界坐标系，另一种是局部坐标系，可以通过单击"Local"/"Global"按钮切换坐标系。如果选择"Global"按钮，那么当前场景对象显示的坐标轴表示的是世界坐标系，如图 3-8 所示，该坐标轴的指向始终与世界坐标系图标的坐标轴指向保持一致。如果选择"Local"按钮，那么当前场景对象显示的坐标轴表示的是局部坐标系，如图 3-9 所示，该坐标轴指向会随着物体的旋转发生改变。右上角的场景视图辅助图标（Scene Gizmo）始终指示当前场景的世界坐标信息。

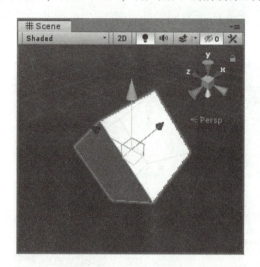

图 3-8　世界坐标系　　　　　　　　图 3-9　局部坐标系

开发者在搭建场景的过程中，可以根据场景搭建的需要使用不同的坐标系对物体进行旋转和移动，以提高工作效率。

2. 世界坐标与局部坐标

这里所说的坐标指的是坐标点，它与坐标系是不同的概念。坐标点指的是物体在坐标系上的具体位置，其中物体的世界坐标指的是物体在世界坐标系中的坐标点，但物体的局部坐标不能理解为物体在局部坐标系中的坐标点，这是不准确的，在 Unity 中物体的局部坐标指的是相对坐标，即将父对象（上一层级对象）的坐标点设为原点，物体相对于这个原点的距离即该对象的局部坐标。

3. 世界坐标与局部坐标在"Inspector"视图中的显示

每个场景对象都具有世界坐标和局部坐标，但"Inspector"视图中"Transform"组件的"Position"属性只有一个，如何判断当前"Position"属性显示的是世界坐标还是局部坐标呢？

当场景对象为最高层级对象时，其"Position"属性记录的值是世界坐标。当场景对象为非最高层级对象（有父对象的子对象）时，其"Position"属性记录的值是局部坐标，即以其直接父对象的坐标为原点。

任务3.5 利用"Scene"视图的功能

在实际操作中,场景对象之间的对齐是一件烦琐的工作。Unity为开发者们提供了许多便利的工具来提高工作效率。"Scene"视图顶部有一行工具栏,如图3-10所示。

图3-10 "Scene"视图的工具栏

1. "Scene"视图的绘制模式(Shading Mode)

"Scene"视图的绘制模式在默认情况下是"Shaded"模式,该模式表示场景根据当前的光照设置完全点亮,如图3-11所示。在预览场景时该模式比较方便,但在实际编辑场景对象时,需要借助"Wireframe"模式。

"Wireframe"模式与"Shaded"模式不同,它使用线框表示形式绘制网格,如图3-12所示。这些线框其实就是场景中模型本身网格信息。"Wireframe"模式能够方便开发者透视到"Shaded"模式看不到的位置,通过线框帮助对齐。

图3-11 "Shaded"模式

图3-12 "Wireframe"模式

2. 2D视角按钮

单击2D视角按钮后会默认切换到正视视角(在2D模式下,摄像机朝向正Z方向,X轴指向右方,Y轴指向上方),且无法通过场景视图辅助图标切换视角。图3-13所示是单击2D视角按钮后的视图,图3-14所示是通过场景视图辅助图标切换到正视视角的视图。

图 3-13　单击 2D 视角按钮后的视图　　　　图 3-14　通过场景视图辅助图标切换
　　　　　　　　　　　　　　　　　　　　　　　　　　到正视视角的视图

3. "Lighting" "Audio" 和 "Effects" 按钮

"Ligthing" 按钮用于开启或隐藏 "Scene" 视图中的灯光效果，"Audio" 按钮用于控制音频效果，"Effects" 按钮则用于控制特效表现的（如雾、粒子系统等）。它们是帮助开发者在 "Scene" 视图中不受指定类型对象的影响，比如在调整场景中游戏对象的位置关系时，如果场景中的光线影响观察，可以通过单击 "Lighting" 按钮来隐藏灯光效果（它会将场景中所有灯光都隐藏，如果只要隐藏某个灯光，请在 "Hierarchy" 视图中找到它，并手动隐藏）。"Audio" 和 "Effects" 按钮也有类似的效果，只是隐藏的对象类型有所不同。隐藏和开启灯光的效果如图 3-15、图 3-16 所示。

图 3-15　隐藏灯光效果　　　　　　　　　　图 3-16　开启灯光效果

4. 场景可见性开关

"Effects" 按钮和菜单旁边显示的是通过 "Hierarchy" 视图隐藏的对象数量，通过 "Hierachy" 视图隐藏的对象可以让其在 "Scene" 视图中不可见，并且在运行时不影响其在

"Scene"视图中的状态，大大提高了工作效率。例如编辑一个房间内的家居布置，以往版本的 Unity 只能通过隐藏墙体对象的活动状态（即在"Inspector"视图中取消勾选其在"Scene"视图中的活动状态）来帮助开发者更好地看到房间内的情况，在布置完成后，还需要手动将隐藏的内容重新开启，以避免影响场景的实际运行。Unity 新版本中的隐藏功能可以在保证场景正常运行的情况下，通过快捷地隐藏某些对象来提高工作效率。

5. 相机设置菜单

相机设置菜单用于修改"Scene"视图中的视角，旧版本的 Unity 无法修改"Scene"视图中的视角，在开发过程中很难模拟实际相机的视角，在布置游戏对象的位置等视觉关系上会有一定影响，新版本的 Unity 提供该功能后，开发者可以进一步模拟实际效果。

6. "Gizmos"菜单

"Gizmos"菜单用于管理"Scene"视图中的所有小图标，如图 3-17 所示。小图标也可称为可视化图标。这里必须清楚地知道前面常说的灯光对象不是指现实世界的灯具，而是指光照本身；相机对象不是指现实世界中的相机，而是指观察者视角；音频对象不是现实世界中的音箱，而是指声音本身。这些对象都不需要显示在发布平台上。Unity 为了便于开发者在"Scene"视图中编辑这些对象，将这些对象可视化，做成小图标的形式显示在 Unity 编辑器中。开发者可以在"Gizmos"菜单中选择对应的图标，将其可视化开启或关闭，同时也可以修改图标的大小，并且 Unity 在"Game"视图中也提供了"Gizmos"按钮，这便于开发者在项目运行时观察或修改这些无实体的对象。

图 3-17 "Gizmos"菜单

单元小结

本单元中从不同的角度讲解了项目中场景的意义，并通过摆放场景模型使读者对"Project"视图、"Hierarchy"视图、"Scene"视图有了更深的了解。

读者在"Scene"视图的学习中，不难发现有许多功能暂时找不到使用的契机，在此笔者想强调一点，在学习过程中是人使用工具，而不是工具使用人。在必要的时候使用必要的工具，不必为了用工具而用工具。本单元介绍这些工具的意义在于希望读者了解到 Unity 其实有许多能够提高项目开发效率的功能，在以后的开发学习中如果需要用到这些功能，可以回想到在学习本书时看到过，从而提高工作效率。

思考与练习

1. 简述工具栏的几种操作方式的不同之处。
2. 简述"Hierarchy"视图和"Project"视图的搜索功能的不同之处。

3. 创建两个物体，在"Hierarchy"视图中改变它们的父子级关系，查看"Inspector"视图中"Transform"组件的"Position"属性的变化，说明为什么会发生这种变化。

实　　训

1. 按照给定的效果图（图3-18、图3-19），在场景中摆放模型。

图3-18　室内参照图（1）　　　　　　　图3-19　室内参照图（2）

2. 利用视图功能调整模型的位置。
3. 利用场景对象的父子关系调整模型的位置。

单元 4

室内场景布置

学习目标

（1）了解 Unity 中组件的概念和作用；
（2）了解 Unity 中"Transform"组件的概念和作用，并掌握其使用方法；
（3）了解 Unity 中"Mesh Filter"组件的概念和作用，并掌握其使用方法；
（4）了解 Unity 中"Mesh Renderer"组件的概念和作用，并掌握其使用方法。

任务描述

单元 3 介绍了场景模型的摆放以及相关工具的使用，本单元会在此基础上介绍 Unity 中控制模型表现的组件的知识——从每个游戏对象必备的"Transform"组件到模型对象的"Mesh Filter"和"Mesh Renderer"组件。通过本单元的学习，读者能够清楚地理解这些组件的作用。

任务 4.1　了解组件

【知识点 4-1】　什么是组件？

在"Project"视图中选择某个资源文件后，在"Inspector"视图中可以看到该资源的导入信息，而在"Hierarchy"视图中选择某个游戏对象后，在"Inspector"视图中可以看到该游戏对象的基本信息（游戏对象名、活动状态、标签、层等）和挂载了哪些组件，如图 4-1 所示。

组件也是一种资源，其本身是脚本文件（就是利用编程语言 C#编写的脚本），可以根据需要为游戏对象添加适合的功能和属性。不难发现，每个游戏对象都会有一个（也必须有）"Transform"组件，这是 Unity 默认提供的组件之一。

【知识点 4-2】　组件有什么作用？

组件本质是脚本文件，它为游戏对象提供某些特定的功能。如"Transform"组件为游戏对象在场景中提供了位置、旋转和缩放比例的信息。"Transform"组件在"Inspector"视图中只能看到 3 组信息（图 4-2），但是实际上有许多内容是被隐藏的，这是为了让开发者能够专注修改关键的信息，在后续的学习过程中，这也是需要强调的一点。

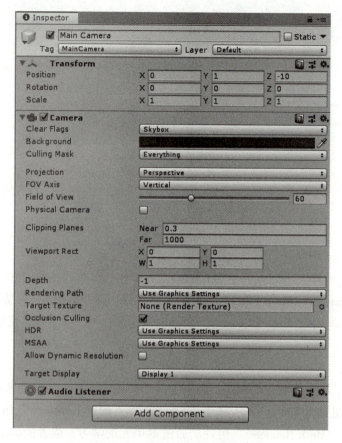

图 4-1 游戏对象的详细信息

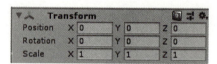

图 4-2 "Transform" 组件

每个组件都有一些相同的内容。在组件界面中，左上角显示组件的名称，右上角的 3 个按钮（从左到右）分别对应帮助文档、组件预设、详细设置 3 个功能，如图 4-3 所示。

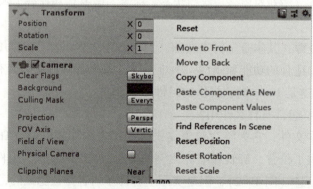

图 4-3 组件按钮

帮助文档会跳转到脚本指定的网址，如果是开发者自己写的脚本文件，且没有指定对应的网址时，该功能没有任何意义。

组件预设功能允许将当前组件的信息保存到资源中，那么在别的地方也可以为相同组件复用该数据。Unity 在"Play"模式下时，所有的组件属性都不会保留，比如在"Play"模式下改变某个对象的"Transform"组件信息（位置、旋转、缩放），在结束"Play"模式后，可以看到"Transform"组件信息又恢复到"Play"模式之前的数值。在某些情况下，开发者可能希望保留这些内容，这时可以利用组件预设功能保存这些内容，并在结束"Play"模式后复用。

详细设置功能涉及许多改变组件状态的操作。重置（Reset）操作会将组件的值重置，复制（Copy）和粘贴（Paste）操作对应复制和粘贴数值，在编写的脚本文件中，还可以添加更多内容，以方便整个开发过程。

1. 了解"Mesh Filter"（网格过滤器）组件

单元 2 讲解了模型资源的导入，其中提到了网格。模型资源中最重要的是网格。顶点与顶点之间连接形成棱线，线与线连接围成了面，面与面的组合形成了模型的外观，这便是网格，即一个模型的造型就是该模型的网格数据。在 Unity 中，每个模型资源在场景中成为游戏对象后，都默认有一个"Mesh Filter"组件，在"Inspector"视图中可以看到该组件中有一个"Mesh"属性（图 4 - 4），单击该属性后，可以在"Project"视图中看到该游戏对象的资源本身高亮显示。

图 4 - 4 "Mesh Filter"组件

该组件的意义在于从资源中获取网格并将其传递给网格渲染器（Mesh Renderer），以便在屏幕上渲染。

2. 了解"Mesh Renderer"组件

与"Mesh Filter"组件相似，"Mesh Renderer"组件也是模型资源文件成为游戏对象后默认添加的。它的主要作用是管理模型的表现，包括在场景中的基本外观表现（与材质有关）、受光照、反射的影响程度等内容。这些都是比较高级的内容，此处暂时不谈，只对材质作了解（它并非不重要，恰恰因为它是外观表现的基础，万丈高楼从地起，此处作简单的了解，后续还有许多内容需要学习）。

在"Mesh Renderer"组件中，可以看到"Materials"属性（图 4 - 5），它管理游戏对象的所有材质。在"Inspector"视图

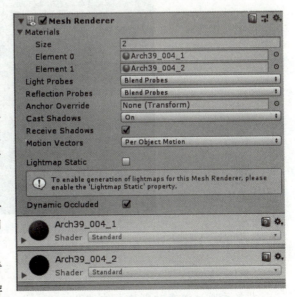

图 4 - 5 "Mesh Renderer"组件

中，如果游戏对象使用了"Materials"属性，在"Component"列表的末尾会逐一显示这些材质，显示的顺序与它们在"Mesh Renderer"组件中的顺序相同（最好还是通过材质名来识别它们，以避免不必要的错误）。

任务 4.2　检查对象的材质

摆放好位置后，若发现对象的材质表现不合适，可通过"Mesh Renderer"组件来改变引用（图 4-6）。这里要注意，不应直接在"Inspector"视图中改变"Materials"属性，因为在"Inspector"视图中改变，会直接改变该资源，导致所有使用该材质的对象、资源都受到影响。

在"Mesh Renderer"组件中选择相应的材质改变引用后，在"Scene"视图中查看效果。有些时候，模型的贴图 UV 不对应所使用的材质，导致模型的表现不正常，比如纹理的拉伸，一般都是通过换一个材质，或者专门修改模型的贴图 UV、贴图的尺寸等方法解决此类问题。

图 4-6　修改材质

单元小结

本单元通过游戏对象身上的"Transform""Mesh Filter""Mesh Renderer"组件介绍了

Unity 中组件的作用。每个游戏对象的意义都是通过其身上挂载的组件定义的，包括从模型的网格表现、外观材质表现到后面学习的功能等。

在了解组件的意义的同时，读者可进一步了解在 Unity 中如何使用模型资源，并且明白在 Unity 中是使用已经制作好的模型资源，如果需要对其网格表现或者外观材质进行修改，需要在相关的模型编辑工具中进行，Unity 只能够使用已经制作好的内容进行摆放或交互。

思考与练习

1. 如何删除组件？删除组件后如何添加指定的组件？
2. 删除"Mesh Filter"组件后会怎样？
3. 改变"Mesh Filter"组件中的网格引用后会怎样？
4. 删除"Mesh Renderer"组件后会怎样？
5. 减少"Mesh Renderer"组件中材质的个数或引用后会怎样？增加又会怎样？

实 训

按照给定的效果图（图 4-7、图 4-8），在场景中调整室内家具模型外观表现。

图 4-7 室内参照图（1）

图 4-8 室内参照图（2）

单元 5

制作天空盒与设置远景贴图

学习目标

(1) 了解 Unity 中天空盒（Skybox）的概念和作用；
(2) 掌握 Unity 中不同类型天空盒的制作及使用方法。

任务描述

Unity 中的天空盒常常是增加环境沉浸感的重要一环，项目中无法模拟现实生活中所有真实的一切，只能够控制用户在有限的区域内进行活动，而遥不可及之处则需要通过其他方法进行描述。

俗语"望山跑死马"中，天空盒承担着"山"这一角色。作为背景板，天空盒通过图像的形式描述场景远处的景象（不可到达的地方），无论是绿水青山还是林立高楼，都可以通过天空盒来展现。本单元讲解如何制作及使用天空盒。

任务 5.1　了解天空盒

在虚拟现实的场景中，近景往往由各种模型、地形和角色等游戏对象来呈现，远景和天空的效果通常由天空盒呈现。天空盒是表现场景环境的重要组成部分，使用天空盒可以达到全方位沉浸式的远景效果，并且其运行效率非常可观（因为其本质是图片），是室外场景应用中表现高质量天空及远景效果的最优选择。

【知识点 5-1】　天空盒和纹理的关系是什么？

天空盒主要是对天空、远景进行描述，但天空盒本质上是材质的一种，通过特定的 Shader 算法实现。当描述一个晴天的沙漠场景时，就需要有相应的晴天、沙漠的远景纹理素材。当需要描述的主题确定时，可以根据需求寻找合适的纹理素材，配合天空盒类型的材质来实现目标场景需要的效果。

任务5.2 使用天空盒

通过工具栏的"Window"→"Rendering"→"Lighting Settings"选项打开光照设置视图,如图5-1所示,可以看到"Scene"选项卡下的"Environment"→"Skybox Material"选项,在此处可以指定当前场景中的天空盒,添加相应的天空盒资源后可以在场景中看到远景变为刚刚所选的天空盒。

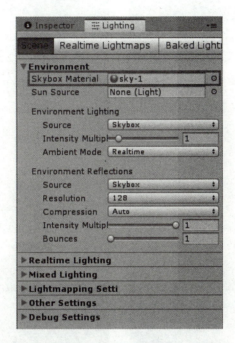

图5-1 光照设置视图

任务5.3 制作"Cubemap"类型的天空盒

在"Project"视图中单击名为"sky-1"的材质,可以在"Inspector"视图中查看该材质的详细信息。这个材质是"Skybox/Cubemap"类型的,这是默认提供的一种天空盒材质类型。需要提供一张立方体贴图(Cubemap)作为主要素材。

这里先认识一下立方体贴图。立方体贴图有两种获得途径:一种是在Unity中创建,另一种是导入一张高动态范围(High-Dynamic Range,HDR)图片。第一种途径:在"Project"视图中单击鼠标右键,选择"Create"→"Legacy"→"Cubemap"选项,生成一个立方体贴图的资源,单击后在"Inspector"视图中查看其属性,如图5-2所示,能够看到当前的立方体贴图并未指定任何素材。按照顺序分别为6个选项卡选择图片资源,可在"Preview"视图中查看顺序是否正确,如图5-3所示。第一种途径适用于图片素材为6张单独切割的情况。第二种途径中的图片素材是一张单独的 HDR 素材。HDR 图像相比普通的图像，可以提供更多的动态范围和图像细节。在"Project"视图中选择导入的 HDR 素材，修改导入类型"Texture Shape"为"Cube"后即可作为立方体贴图对象使用。

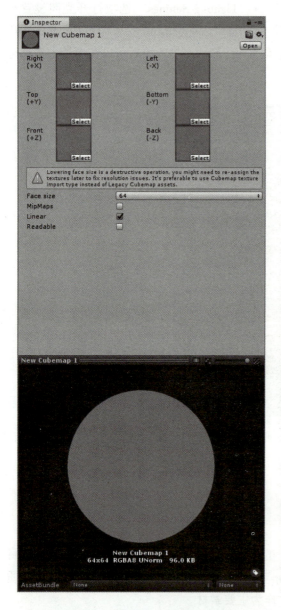

图 5-2　未指定素材的立方体贴图　　　　图 5-3　指定素材的立方体贴图

　　了解立方体贴图的作用以及其制作方法后，将其应用到相应的材质球即可制作成一个天空盒资源。

　　下面介绍天空盒的属性，"Cubemap"类型如图 5-4 所示，其属性说明见表 5-1。

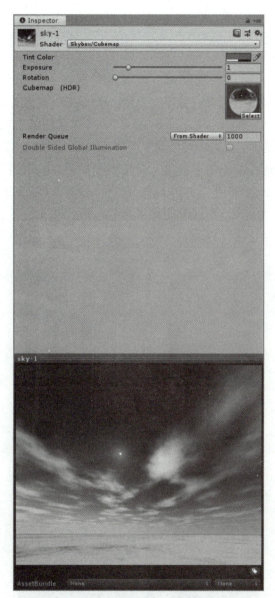

图 5-4 "Cubemap" 类型

表 5-1 "Cubemap" 类型属性说明

属性	说明
Tint Color	调整天空盒的颜色
Exposure	调整天空盒的亮度
Rotation	调整天空盒的旋转角度
Cubemap（HDR）	天空盒引用的素材资源
Render Queue	调整渲染该天空盒的前后顺序

任务 5.4　制作 "6 Sided" 类型的天空盒

在选择材质类型的时候可以看到天空盒有多种选择，任务 5.3 讲述了当前主流的 "Cubemap" 类型天空盒的制作方法，接下来介绍 "6 Sided" 类型天空盒的制作方法。

创建一个材质，选择类型为 "Skybox/6 Sided"，可以看到图 5－5 所示的属性设置与任务 5.3 中利用 6 张素材制作的立方体贴图几乎一样，实际上两者是没有区别的，都是通过 6 张素材制作，只是这里是直接应用于材质，而任务 5.3 则是应用到立方体贴图后，再通过 "Cubemap" 类型的天空盒引用，相当节约了一个步骤。"6 Sided" 类型属性内容与 "Cubemap" 类型属性并无差异，只是在引用素材上有所不同。

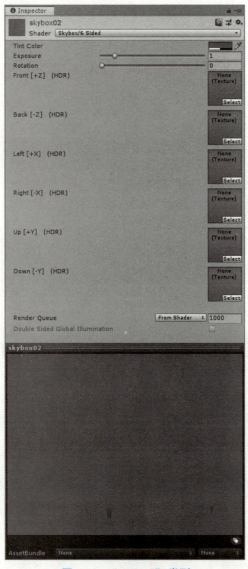

图 5－5　"6 Sided" 类型

单元小结

本单元通过实际操作介绍天空盒的制作以及使用方法，使读者进一步理解天空盒的使用方法以及使用意义。

思考与练习

1. 简述在素材相同的前提下，"6 Sided"和"Cubemap"类型的天空盒在效果上有什么区别。
2. 场景中不使用天空盒会怎样？
3. 简述天空盒的 Rotation 属性有什么具体作用。
4. 利用项目资源制作一个"6 Sided"类型的天空盒。
5. 利用项目资源制作一个"Cubemap"类型的天空盒。

实 训

1. 利用提供的素材制作天空盒（图 5-6）。

图 5-6 天空盒效果图（1）

2. 通过调整天空盒的属性，保证在场景中看到的效果符合效果图（图 5-7）。

图 5-7　天空盒效果图（2）

单元 6

光源使用基础

学习目标

(1) 了解 Unity 中光照系统的概念和作用；
(2) 了解 Unity 中光照系统提供的各种不同类型的光源所适用的情景；
(3) 掌握 Unity 中"Light"组件的使用方法；
(4) 了解 Unity 中"Light"组件与"Mesh Renderer"组件的关系。

任务描述

光源是场景中必不可少的内容。本单元通过介绍 Unity 的光照系统，使读者了解其在项目制作中的使用方法，并根据不同类型的光照特点，为场景制作不同的光源，如室外光、室内光源等，本单元最后介绍如何利用光照产生阴影，以增加场景的真实感。

任务 6.1 了解光源基础

光源是场景中不可缺少的一部分。通过合理设置光源，可为场景的外观、色彩和氛围打造出非凡的效果，增加场景的真实性与美感。

Unity 中提供了 4 种类型的光源，分别为方向光（Directional Light）、点光源（Point Light）、聚光灯（Spot Light）和区域光（Area Light）。在"Hierarchy"视图中单击鼠标右键，选择"Create"→"Light"命令即可查看这 4 种光源。

不同类型的光源会共享部分相同的属性，例如光照的颜色（Color）、强度（Intensity）。不同部分的区别主要在于它们的表现方式。下面通过具体的案例介绍不同类型的光源特点。

任务 6.2 使用方向光

方向光在许多方面的表现很像现实生活中的太阳光，可视为存在于无限远处的光源，因此在使用方向光的过程中通常忽略其位置（即可以将其放在场景中的任意位置），而注重其方向（即旋转角度）。方向光是朝向其轴心的 Z 轴发射光，场景中的所有对象都被照亮，就像光线始终来自同一方向一样，并且方向光与目标对象的距离是未定义的，因此光线不会减弱,如图6-1所示。

在了解方向光忽略起点与终点后,开发者只需要管理其方向、颜色以及强度。执行"GameObject"→"Light"→"Directional Light"命令创建方向光,方向光的属性设置如图6-2所示,属性说明见表6-1。

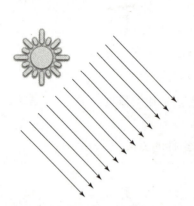

图6-1 方向光示意

图6-2 方向光的属性设置

表6-1 方向光属性说明

属性	说明
Type	选择光源类型:聚光灯(Spot Light)、方向光(Directional Light)、点光源(Point Light)、区域光(Area Light)。当前选择为方向光
Color	设置光源的颜色
Mode	选择光源照明模式,每种模式对应"Window"→"Rendering"→"Lighting Settings"选项下"Lighting"视图中的一组设定。 "Realtime"对应"Realtime Lighting",通常用于实时更新对象的光照信息,在部署光源时优先选择该模式,以便于调整光源的强度以及实时查看。"Realtime"模式对点光源和聚光灯的阴影设置没有影响。 "Mixed"对应"Mixed Lighting",对静态对象进行烘焙,对非静态对象进行实时渲染。"Baked"对应"Lightmapping Setting",实现对所有静态对象的烘焙
Intensity	设置光源的明暗程度
Indirect Multiplier	设置间接光的亮度,间接光是指从一个对象反射到另一个对象的光线。值小于1时,光线每次反射后会变暗;值大于1时,光线每次反射后会变亮。其效果在场景进行光照烘焙时才体现出来,在后续单元会进一步介绍

续表

属性	说明
Cookie	光照纹理,为灯光添加纹理,类似在灯光处贴上网格图模拟窗户效果,目的是提高运算效率
Cookie Size	调整光照纹理图的大小
Draw Halo	制造光晕效果
Flare	耀斑,为镜头添加类似光晕的效果
Render Mode	选择渲染模式,影响光源的保真度和渲染性能。有"Auto"(自动)、"Important"(重要)、"Not Important"(不重要)3个选项
Culling Mask	剔除遮罩,选取受光源影响的对象。默认设置是"Everything",此处对应的是游戏对象的"Layer"属性。 勾选对应层后,表示属于该层的游戏对象都会受到该光源的影响,反之,不勾选对应层则该层的游戏对象不受该光源的影响

【知识点 6-1】 模拟现实场景中的太阳,制作室外方向光。

具体步骤如下:

(1) 打开房屋场景,查看"Hierarchy"视图中是否有"Directional Light"对象,若没有则执行"GameObject"→"Light"→"Directional Light"命令创建方向光。

(2) 选择"Window"→"Rendering"→"Lighting Settings"选项,如图 6-3 所示。在弹出的"Lighting"窗口中选择"Scene"选项卡,为"Environment"属性下的"Sun Source"属性添加"Directional Light"对象,如图 6-4 所示。

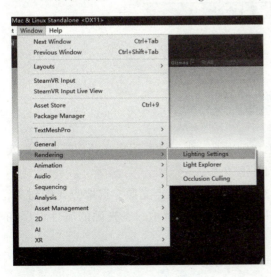

图 6-3 打开光照设置视图

图 6-4 "Lighting"窗口

说明：

当场景中需要指示"太阳"（任何照亮场景的大型、遥远光源）的方向时，可以通过步骤2指定"太阳"光的方向。如果该属性设置为"None"，默认场景中最亮的方向光为"太阳"光。

（3）通过"Scene"视图调整相机的位置，以便常看场景的整体效果，添加方向光前、后效果如图6-5和图6-6所示。

图6-5 添加方向光前

图6-6 添加方向光后

注意：

（1）若光源属性设置正确，但场景中出现曝光现象，可检查是否创建了多个方向光。

（2）如果创建光源后没有观察到类似太阳光的效果，可检查"Scene"视图上方控制栏中的灯光开关按钮是否开启，如图6-7所示。

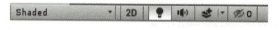

图6-7 灯光开关按钮

任务6.3 使用点光源

点光源从对象的轴心点出发并在所有方向上均匀发光，强度随着远离光源而衰减，即实现从一个特定值到零的变化，类似现实世界中的灯泡效果。

执行"GameObject"→"Light"→"Point Light"命令创建点光源，选取点光源对象，此时在视图中出现的球体就是点光源的作用范围，如图6-8所示。点光源的属性设置如图6-9所示，属性说明与方向光大致相同，补充内容见表6-2。

【知识点6-2】 模拟现实场景中的台灯，制作室内点光源。

具体步骤如下：

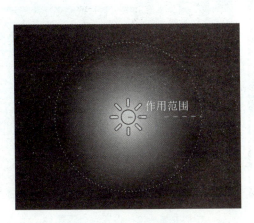

图 6-8　点光源示意　　　　　　　图 6-9　点光源的属性设置

表 6-2　点光源属性说明（补充）

属性	说明
Range	设置光源的作用范围，默认是半径为 10 的球体

（1）在"Assets"文件夹中找到台灯的模型，并将其添加到场景中，放置到室内合适的位置，如图 6-10 所示。

图 6-10　放置台灯

（2）创建点光源，重命名为"LampLight"，如图 6-11 所示。

（3）将"LampLight"对象摆放在台灯对象的灯泡位置上，并设置其"Light"属性，修改"Range"属性值为 1.5，"Mode"属性为"Realtime"模式，如图 6-12 所示。

（4）单击播放按钮，在"Game"视图中查看效果，如图 6-13 所示。

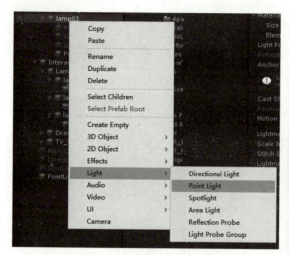
图 6-11 创建点光源

图 6-12 设置点光源属性

图 6-13 点光源效果

任务 6.4 使用聚光灯

聚光灯与点光源类似，具有指定的位置和光线衰减范围。不同的是聚光灯被限制在一个特定的角度范围内，整体呈现圆锥体效果。聚光灯的光照强度从锥顶到锥底逐渐减弱，且边缘区域的光照强度相对较弱。聚光灯通常用作动态移动的光源，如手电筒、汽车前照灯和探照灯等。

执行"GameObject"→"Light"→"Spot Light"命令创建聚光灯，选取聚光灯对象，此时在场景中出现的圆锥体就是聚光灯的作用范围，如图 6-14 所示。聚光灯的属性设置如图 6-15 所示，属性说明与方向光大致相同，补充内容见表 6-3。

【知识点 6-3】 模拟现实场景中的天花板吊灯，制作射灯。

具体步骤如下：

（1）在"Assets"文件夹中找到吊灯的预制体，并将其添加到场景中，放置在门口的天花板上，如图 6-16 所示。

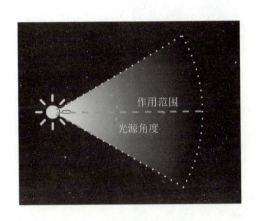

图 6-14 聚光灯示意

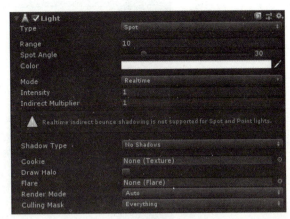

图 6-15 聚光灯的属性设置

表 6-3 聚光灯属性说明（补充）

属性	说明
Spot Angle	设置光源角度，默认是 30°

图 6-16 放置吊灯

（2）执行相关命令创建聚光灯，作为吊灯对象的子对象，如图 6-17 所示。

（3）将"Light"对象摆放在具体的吊灯对象的灯泡位置上，并设置其"Light"属性，修改"Spot Angle"值为 60，"Mode"属性为"Realtime"模式，如图 6-18 所示。

（4）通过"Scene"视图或"Game"视图查看效果，如图 6-19 所示。

（5）可以发现 3 个吊灯对象只有一个光源表现，不太符合逻辑。通过复制已经设置好的光源，移动它们的位置到对应吊灯模型合适的位置。

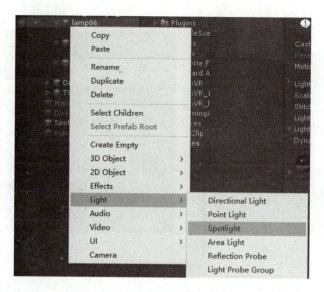

图 6-17　创建聚光灯

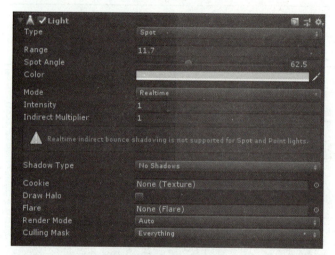

图 6-18　设置聚光灯属性

图 6-19　聚光灯效果

任务6.5 使用区域光

区域光是指一个会发光的平面区域,光线在标签区域上均匀地向所有方向发射,但仅从矩形所在的平面发射,无法手动控制光源的范围。与前面3种光源不同,区域光只支持"Baked"模式,必须通过烘焙后才能看到效果,这是因为其光照计算对处理器性能消耗较大。执行"GameObject"→"Light"→"Area Light"命令创建区域光。选取区域光对象,此时在场景中出现的平面图形就是发射光线的区域,如图6-20所示。区域光的属性设置如图6-21所示,其属性说明与方向光大致相同,补充内容见表6-4。

图6-20 区域光示意

图6-21 区域光的属性设置

表6-4 区域光属性说明(补充)

属性	说明
Shape	选择平面区域的形状:Rectangle(矩形),Disc(圆形)
Range	设置光源的作用范围
Width	设置矩形区域宽度,结合属性"Height"确定发光区域面积
Height	设置矩形区域高度,结合属性"Width"确定发光区域面积
Cast Shadows	设置照射下的物体是否产生阴影效果,默认产生阴影效果

知识拓展

阴影效果

阴影系统是光照系统中非常重要的一部分。Unity 场景中的阴影效果是指光源的光线遇到不透光物体时形成的一个暗区,类似现实世界中的影子。合理使用阴影效果能够增加场景的真实性和协调性。

1. 打开或关闭阴影

打开或关闭阴影的方法是修改"Light"→"Shadow Type"属性。"Shadow Type"属性有 3 种:No Shadows(无阴影)、Hard Shadows(硬阴影)和 Soft Shadows(软阴影)。设置为硬阴影时,被照射对象会产生锐利边缘的阴影,其消耗的系统资源较少;设置为软阴影会减少阴影边缘的锯齿效果,但消耗的系统资源也较多。

2. 阴影属性

选择硬阴影或软阴影时,会出现图 6-22 所示的属性列表,属性说明见表 6-5。

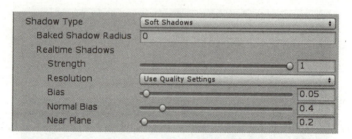

图 6-22 硬/软阴影属性列表

表 6-5 阴影效果属性说明

属性	说明
Strength	调整阴影的强度
Resolution	选择分辨率的质量
Bias	调整光源像素位置与阴影贴图值的偏移量
Normal Bias	调整光源像素方向与阴影贴图值的偏移量
Near Plane	剪切平面,与相机距离小于这个值的场景对象不产生阴影

【知识点 6-4】 为场景添加阴影效果。

具体步骤如下:

(1) 选中【知识点 6-1】中创建的方向光,修改其"Shadow Type"属性为"Sofe Shadow",效果如图 6-23 所示,对比图 6-6 多了窗户的阴影效果。

(2) 选中【知识点 6-2】中创建的点光源，修改其"Shadow Type"属性为"Sofe Shadow"，效果如图 6-24 所示，对比图 6-13 多了对桌子的阴影投射。

(3) 选中【知识点 6-3】中创建的聚光灯，修改其"Shadow Type"属性为"Sofe Shadow"，效果如图 6-25 所示，对比图 6-19 阴影效果发生了改变。

图 6-23　方向光添加阴影效果

图 6-24　点光源阴影效果

注意：

若设置了硬阴影或软阴影，游戏对象却没有阴影，检查其"Mesh Renderer"组件中的"Receive Shadows"（接收阴影）属性是否勾选，且"Cast Shadows"（投射阴影）属性是否打开（on），如图 6-26 所示。

图 6-25　聚光灯添加阴影效果

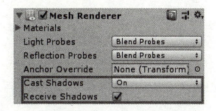

图 6-26　阴影投射与接收

单元小结

本单元主要介绍了 Unity 的光照系统，但仅限于对基础光照组件的使用［其效果主要通过实时（Realtime）方式呈现］，并未涉及光照系统的烘焙内容，这部分内容会在后续单元进行讲解与实验。需要注意的是，本书对光照系统的讲解是基于如何使用以及基于场景的灯光模型进行部署，并不涉及光照美学的内容。

思考与练习

1. 简述 Unity 光照系统提供的光照类型并引用实际生活中的例子描述。
2. 简述 Unity 光照系统中"Realtime"模式和"Baked"模式的区别，通过实际操作改变场景中已有的光照，观察表现。

3. 简述创建阴影效果的步骤（从灯光设置到模型设置）。

实 训

1. 为场景中能够发出光源的模型对象添加适合的光源。
2. 利用点光源和聚光灯的组合，制作图 6-27 所示的床头灯效果。

图 6-27 床头灯效果

单元 7

场景灯光的实时控制

学习目标

(1) 了解 Unity 中脚本文件的概念和作用；
(2) 了解 Unity 中脚本文件与组件的关系；
(3) 掌握通过编写脚本文件控制"Light"组件的方法；
(4) 掌握通过编写脚本文件获取键盘输入的方法。

任务描述

单元 6 完成了对场景光源的添加，单元 7 将对单元 6 中创建的光源进行脚本控制。逻辑上首先是获取键盘的输入，当获取到键盘上的 C 键被按下时，开启/关闭光源；当获取到键盘上的向上或向下箭头键被长按时，增加或降低光源强度。

任务 7.1 了解脚本文件

Unity 的脚本能够获取输入设备的信息并按事件发生流程响应事件，还可以用来绘制图形、控制物理行为，甚至为场景角色自定义 AI 系统。

Unity 支持 C#编程语言。本书所用的脚本编辑器是 Visual Studio 2019，可以通过执行"Edit"→"Preferences"命令打开"Preferences"视图，选择"External Tools"选项卡，该选项卡允许添加其他编辑器，如图 7-1 所示。

脚本通过创建类的方法与 Unity 的内部工作联系起来，该类派生自一个叫作"MonoBehaviour"的内置类，用来为游戏对象添加新的组件类型。由于类的名称取自创建文件时提供的名称，故类名和文件名必须相同，这样才能将脚本组件添加到游戏对象中。

执行"Assets"→"Create"→"C# Script"命令创建 C#脚本文件，在"Project"视图中双击脚本文件，进入脚本编辑器，脚本初始代码如图 7-2 所示。其中，Start( )和 Update( )是 Unity 的基本事件函数。常见的基本函数见表 7-1。

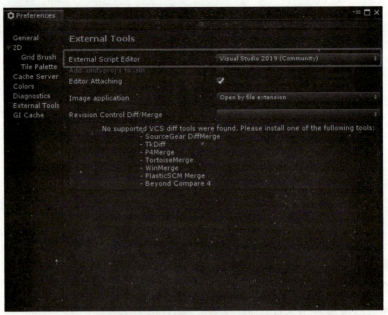

图 7-1 "External Tools" 选项卡

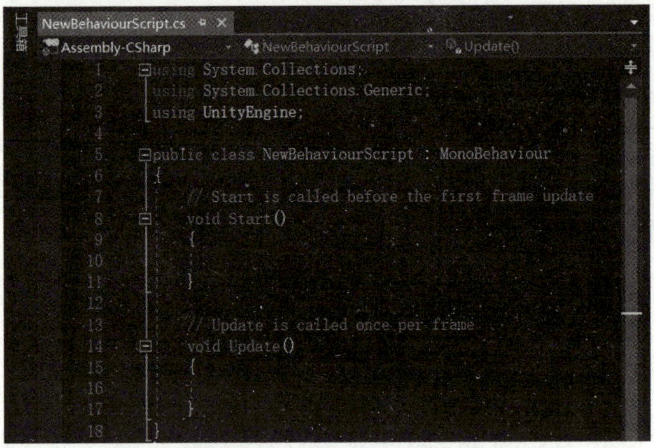

图 7-2 脚本初始代码

表 7-1 常见的基本函数

函数名	说明
Awake	加载脚本实例时调用，用于场景对象的初始化，其执行时间早于所有 Start( ) 函数
Start	在第一次运行 Update( ) 函数之前调用，用于初始化对象，该函数在脚本的生命周期中只调用一次
Update	每一帧都调用，是最常用的函数，用于更新场景的各种状态
OnEnable	对象启用时调用
OnDisable	对象被禁用时调用

任务 7.2 使用键盘上的 C 键开启/关闭光源

要求描述如下：

对吊灯对象的灯光进行开启/关闭的控制，主要是通过按下键盘上的 C 键，按下时，根据当前的灯光状态选择开启/关闭。

【知识点 7–1】 模拟对台灯的控制，实现灯光的开启/关闭。

具体步骤如下：

（1）在"Project"视窗中在根目录下找到"Scripts"文件夹（如果没有则自行创建），单击鼠标右键，执行"Create"→"C# Script"命令创建一个脚本文件，并且命名为"ControlLight"。

（2）双击"ControlLight"脚本文件，用 Start() 函数获取需要控制的灯光对象，并且初始化时将这些灯光关闭。具体代码如下：

```csharp
public class ControlLight: MonoBehaviour
{
    ///记录当前灯光的开启/关闭状态
    public bool LightState = false;

    ///存储需要控制的灯光对象
    public List<Light> LightArray;

    void Start()
    {
        if (LightArray == null) LightArray = new List<Light>();

        //通过脚本获取脚本挂在对象下的所有挂载了"Light"组件的对象，并且临时存储起来
        foreach (Light _i in gameObject.GetComponentsInChildren<Light>(true))
        {
            LightArray.Add(_i);
            _i.enabled = true;
            _i.gameObject.SetActive(false);
        }
    }
}
```

（3）在 Update() 函数中检测用户是否按下键盘上的 C 键，当按下时执行相应的开启/关闭灯光函数，具体代码如下：

```
void Update()
{
    ///检测是否按下键盘上的 C 键
    if(Input.GetKeyDown(KeyCode.C)) ChangeLightState();
}

///切换灯光的状态
public void ChangeLightState()
{
    LightState =!LightState;    //此次状态和上次相反,利用取反的特点
    foreach(Light _i in LightArray) _i.gameObject.SetActive(LightState);
}
```

（4）代码编写完成后保存文件，返回 Unity 操作界面，等待脚本编译成功后为吊灯对象（即 3 个灯光组件的共同父对象）挂载该组件。

（5）运行场景，通过按下键盘上的 C 键，观察挂载了该脚本组件的吊灯表现。

任务 7.3 使用键盘上的向上、向下箭头键控制光源强度

要求描述如下：

在任务 7.2 的基础上对台灯对象的灯光强度进行脚本控制。灯光的默认强度值为 1，其强度值范围设置为 0~1.3（灯光强度过高会导致曝光）。具体操作是长按向上箭头键提高灯光强度，长按向下箭头键降低灯光强度。

【知识点 7-2】 模拟对台灯的控制，实现灯光强度的变化。

具体步骤如下：

（1）在脚本中创建 3 个 float 变量，用于控制灯光强度变化的速度、强度最小值以及强度最大值，具体代码如下：

```
//控制灯光强度变化的速度
public float IntensityChangeSpeed = 0.01f;
//控制灯管强度最小值
public float MinIntensity = 0f;
//控制灯管强度最大值
public float MaxIntensity = 1.3f;
```

（2）创建方法"public void ChangeLightIntensity(float _v)"，用于更改灯光强度，具体代码如下：

```
public void ChangeLightIntensity(float _v)
{
    //如果灯光对象当前被隐藏,则不进行强度调整
    if (!LightState) return;
    //检测当前灯光对象的强度是否在限定范围内
    if (_v < 0 && LightArray[0].intensity <= MinIntensity) return;
    if (_v > 0 && LightArray[0].intensity >= MaxIntensity) return;

    foreach (Light _i in LightArray) _i.intensity += _v;
}
```

（3）在 Update( ) 函数中检测按键的输入，具体代码如下：

```
if (Input.GetKey(KeyCode.UpArrow))
    ChangeLightIntensity(IntensityChangeSpeed);
if (Input.GetKey(KeyCode.DownArrow))
    ChangeLightIntensity(-IntensityChangeSpeed);
```

（4）代码编写完成后保存文件，运行场景。观察台灯灯光的变化，默认状态下光源强度为 1，长按向上箭头键光源强度提高，当强度大于 1.3 时保持不变；长按向下箭头键光源强度降低，强度达到 0 时无亮度，即关灯。

单元小结

本单元通过编写脚本的方式验证了前面单元中提到的组件的本质是脚本这一概念，并且与前面单元所介绍的灯光内容进行了实际的交互，说明了 Unity 提供的组件在 "Inspector" 面板中可调节。同样的，在脚本中也可以通过特定的方式（如本单元所介绍的键盘输入）进行控制。

读者在学习过程中会遇到一些问题，例如 Unity 组件中是否提供了相关属性的使用接口、使用接口的形参是什么等。希望读者能够充分利用互联网的作用，特别在 Unity 官方提供了完善的 API 文档的情况下，不局限于本书所学内容。本书希望通过基础的讲解，传递给读者一种学习的思想，与读者分享解决问题的思路。

思考与练习

1. 查阅相关文档，简述 GetKey、GetKeyUp、GetKeyDown 的区别。
2. 查阅相关文档，简述如何获取鼠标的输入。

实　　训

1. 利用硬件输入控制灯光颜色的切换（固定顺序，如红、黄、蓝、绿）。
2. 利用硬件输入控制灯光颜色的随机切换（无固定顺序与固定颜色，顺序与颜色均随机生成）。

单元 8

虚拟现实系统中的"我"

学习目标

（1）了解虚拟现实系统中"我"的概念；
（2）了解第一人称视角角色控制器和第三人称视角角色控制器的区别；
（3）了解 Unity 中制作碰撞效果的流程，并掌握制作碰撞效果的方法；
（4）了解 Unity 中碰撞效果中刚体（Rigidbody）的作用；
（5）了解 Unity 中碰撞效果中碰撞体的作用。

任务描述

本单元利用 Unity 提供的"Standard Assets"资源包中的第一人称视角角色控制器，通过其在场景中行走、旋转、碰撞等方式介绍碰撞体和刚体组件，使读者掌握 Unity 基础的物理系统。

任务 8.1　理解虚拟现实系统中的"我"

虚拟现实系统中的"我"，指的是虚拟现实系统中第一人称视角下的控制者。虚拟现实系统中的"我"看到的即屏幕或头盔显示的画面，可以通过一些外设（如鼠标、键盘、VR 手柄、头盔等）对虚拟现实系统中的"我"进行旋转、移动、拾取等操作。比如很多射击类游戏都采用第一人称视角，通过鼠标、键盘控制的狙击手就是虚拟现实系统中的"我"。

任务 8.2　简单使用第一人称视角角色控制器

【知识点 8-1】　简单使用第一人称视角角色控制器。

具体步骤如下：

（1）在"Project"视图中找到第一人称视角角色控制器"RigidBodyFPSController"，并将其拖拽到"Scene"视图中。

第一视角角色控制器如图 8-1 所示，它由一个相机和胶囊型的碰撞体组成。其组成部分说明见表 8-1。

图 8-1　第一人称视角角色控制器

表 8-1　第一人称视角角色控制器组成部分说明

第一人称视角角色控制器组成部分	说明
相机	虚拟现实系统中"我"的眼睛，功能是采集第一人称角色看到的画面，并投射到相应的显示单元
胶囊型的碰撞体	虚拟现实系统中"我"的躯体，主要进行碰撞，可以被物理系统作用（如受重力作用）

（2）创建场景，并布置一个简单的可以行走的带碰撞体的区域，选择"GameObject"→"3D Object"选项创建一个基础的区域，可以自己设计一个区域，如图 8-2 所示。

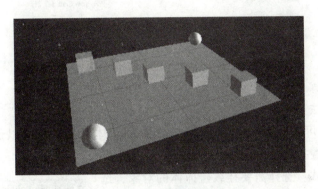

图 8-2　可行走的带碰撞体的区域

（4）将第一人称视角角色控制器放置在图 8-2 所示的平面区域上，然后单击"Scene"视图上方的播放按钮运行场景，场景运行后移动鼠标可以控制视角旋转，按方向键和 W、A、S、D 键可以控制角色前、后移动。按 Esc 键可以释放鼠标对角色的控制，再次按下播放键会停止场景运行。

> 注意：
> （1）如果运行后控制台一直打印"There are 2 audio listeners in the scene. Please ensure there is always exactly one audio listener in the scene."，那是因为场景中存在两个相机（主相机和第一人称视角角色控制器上的相机），Unity 要求每个场景只能存在一个"Audio Listener"组件，这时应关闭主相机。
> （2）在场景运行过程中保证第一人称视角角色控制器一直在平面上，一旦离开白色平面区域，第一人称视角角色控制器就会一直下坠。

任务 8.3　碰撞体

碰撞体是物理组件的一类，它要与刚体一起添加到游戏对象上才能触发碰撞。如果两个刚体撞在一起,只有在两个游戏对象有碰撞体时物理引擎才会计算碰撞,在物理模拟中,没有碰撞体的刚体会相互穿过对方。

两个游戏对象触发碰撞,本质是两个游戏对象的碰撞体组件发生了碰撞,由此可以看出,碰撞体一般需要成对出现,即碰撞双方都需要有碰撞体,除了满足这个条件,还需要满足另一个条件,即碰撞的双方至少有一方有刚体组件。

碰撞体以组件的形式挂载在游戏对象上,选项"Component"→"Physics"→"Physics 2D"选项就可以看到所有的碰撞体类型(图8-3),2D类型的碰撞体(图8-4)主要用于2D游戏对象或者UI对象。

```
Box Collider              Box Collider 2D
Sphere Collider           Circle Collider 2D
Capsule Collider          Edge Collider 2D
Mesh Collider             Polygon Collider 2D
Wheel Collider            Capsule Collider 2D
Terrain Collider          Composite Collider 2D
```

图8-3　碰撞体类型　　　　图8-4　碰撞体类型(2D)

【知识点8-2】　给游戏对象添加碰撞体组件的方法。

(1)第一种方法:选择需要挂载碰撞体的对象,单击"Inspector"视图下方的"Add Component"按钮,可以通过搜索框搜索需要的碰撞体组件,也可以选择"Physics"→"Physics 2D"选项查找需要的碰撞体组件。

(2)第二种方式:选择需要挂载碰撞体的对象,选择"Component"→"Physics"→"Physics 2D"选项,选择需要的碰撞体进行添加。

不同碰撞体的基本属性都一样,作用也一样,主要是按照游戏对象的外形或项目需要选择不同的碰撞体类型,现在以"Box Collider"组件为例介绍碰撞体。"Box Collider"组件如图8-5所示,其属性说明见表8-2。

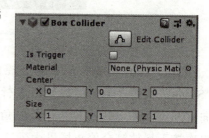

图8-5　"Box Collider"组件

表8-2　"Box Collider"组件属性说明

属性	说明
Edit Collider	单击该按钮,可以在"Scene"视图中编辑碰撞体的大小
Is Trigger	设置是否切换为触发碰撞,勾选该属性后,游戏对象发生碰撞时没有实际的物理效果,只用于触发相应的事件
Material	设置碰撞体的物理材料,比如一块冰会很滑,而一个橡胶球会产生很大的摩擦力并且非常有弹性
Center	设置碰撞体的局部坐标,可以表示碰撞体与实际游戏对象的位置偏移量
Size	设置碰撞体的缩放属性

> **注意：**
> 碰撞有3种类型：
> （1）物理碰撞：游戏对象发生碰撞后会产生具体的物理现象。
> （2）触发碰撞：游戏对象发生碰撞后不会产生具体的物理现象，但能检测到碰撞。
> （3）射线碰撞：碰撞的一方是射线，碰撞后不会产生具体的物理现象，但能检测到碰撞。

任务8.4　刚　体

在任务8.3中提到的刚体也是Unity中的物理组件，刚体组件可使游戏对象在物理系统的控制下运动，刚体可接受外力与扭矩力以保证游戏对象像在真实世界中那样进行运动。任何游戏对象只有添加了刚体组件才能受到重力的影响。

【知识点8-3】添加刚体组件的方法。

（1）选择需要添加刚体的对象，单击"Inspector"视图中的"Add Component"按钮，通过搜索框搜索"Rigidbody"，选择搜索结果中的"Rigidbody"选项完成刚体组件的添加。

（2）选择需要添加刚体组件的对象，选择"Component"→"Physics"→"Rigidbody"选项完成刚体组件的添加。

刚体组件如图8-6所示，其属性说明见表8-3。

图8-6　刚体组件

表8-3　刚体组件属性说明

属性	说明
Mass	设置游戏对象的质量，单位是kg
Drag	设置空气阻力，0代表没有空气阻力，无限大的值代表游戏对象会立即停下来（惯性消失）
Angular Drag	设置游戏对象受到一个扭力旋转时的角阻力，0代表没有阻力。请注意，仅通过将"Angular Drag"属性设置为无穷大不能使游戏对象停止旋转
Use Gravity	如果勾选该属性，则游戏对象受重力作用
Is Kinematic	如果勾选该属性，则该游戏对象将不会由物理引擎驱动，而只能通过其"Transform"组件进行移动
Interpolate	插值，如果发现刚体移动有卡顿，可以尝试设置此属性。 （1）None：不使用插值； （2）Interpolate：根据上一帧的"Transform"组件进行平滑； （3）Extrapolate：根据估算的下一帧的"Transform"组件进行平滑

续表

属性	说明
Collision Detection	用于防止快速移动的游戏对象通过其他游戏对象却不触发碰撞的现象。 （1）Discrete：离散检测，性能较高，为默认值。 （2）Continuous：连续检测，使用此选项时，游戏对象与其他动态碰撞体使用离散检测，与其他静态碰撞体使用连续检测。这个选项非常影响性能。 （3）Continuous Dynamic：动态连续检测，对动态物体也使用连续检测； （4）Continuous Speculative：连续随机检测，比较节省性能
Constraints	约束刚体的运动： （1）Freeze Position：选中后刚体不会在对应的轴方向上移动； （2）Freeze Rotation：选中后刚体不会绕对应的轴旋转

知识拓展

第三人称视角角色控制器

第一人称视角角色控制器一般无法看到该角色的全貌，但第三人称视角角色控制器可以看到该角色的全貌，也可以控制该角色，它与第一人称视角角色控制器最大的不同是画面不会因为自身的旋转而改变。

获取第三人称视角角色控制器的方法：选择"Standard Assets"文件夹→"Characters"文件夹→"FirstPersonCharacter"文件夹→"Prefabs"文件夹→"ThirdPersonController"预制体。将"ThirdPersonController"预制体拖拽至"Hierarchy"视图或"Scene"视图中。

依旧可以通过方向键和W、A、S、D键控制角色移动。

单元小结

本单元通过使用Unity提供的"Standard Assets"资源包中的第一人称视角角色控制器，使读者了解Unity物理系统中最基础的碰撞设置。不难发现，在给场景中的游戏对象添加指定的组件（"Collider""Rigidbody"）并设置对应的属性值后，即可实现简单的碰撞效果，这与之前介绍的内容有共同点。

思考与练习

1. 简述第一人称视角角色控制器与第三人称视角角色控制器的区别。
2. 简述碰撞体与刚体的关系。

实　　训

为房屋模型添加相应的碰撞体（利用"Mesh Collider"组件）和刚体，使用第一人称视角色控制器(即"我")进行操控,进行下述操作,观察会发生什么情况(注意:合理使用导入模型时设置的"Generate Colliders"属性)。

(1) 修改第一人称视角角色控制器的碰撞体的大小。

(2) 修改第一人称视角角色控制器的碰撞体组件的"Center"属性。

(3) 勾选第一人称视角角色控制器的碰撞体组件的"Is Trigger"属性。

(4) 不勾选第一人称视角角色控制器的刚体组件的"Use Gravity"属性。

(5) 修改第一人称视角角色控制器的刚体组件的"Constraints"属性。

单元 9

制作感应灯

学习目标

(1) 了解 Unity 中碰撞检测的概念和作用；
(2) 了解 Unity 中物体碰撞与碰撞检测的区别；
(3) 掌握利用脚本进行碰撞检测的方法；
(4) 了解 Unity 中预制体（Prefab）的概念和作用；
(5) 掌握预制体的制作方法和使用方法。

任务描述

结合前面两个单元所学的内容，本单元通过碰撞检测触发灯光的开关。其主要逻辑是当第一人称视角角色控制器与指定的碰撞器发生碰撞检测时，通过脚本调用方法执行灯光的开/关。

任务 9.1 碰撞检测

触发碰撞检测的条件：产生触发检测的双方必须都有碰撞体组件，且至少一方还需要有刚体组件，作触发检测的一方（即静止、不移动的一方，此处为灯光），其碰撞体组件的"Is Trigger"属性需要勾选。

除了组件的属性设置以外，Unity 提供了 3 个碰撞检测的函数给开发者使用，见表 9-1。

表 9-1 碰撞检测函数

函数名	说明
OnCollisionEnter(Collision collision)	物体进入检测范围的那一刻该函数会被调用一次
OnCollisionStay(Collision collision)	物体在检测范围内时该函数会一直被调用
OnCollisionExit(Collision collision)	物体离开检测范围时该函数会被调用一次

上述 3 个函数中，形参都为 Collision 类型的对象。

任务 9.2　制作感应灯

【知识点 9-1】　模拟现实世界中的感应灯，为房屋模型添加感应灯。
具体步骤如下：
（1）为灯光对象添加触发器。

感应灯需要实现的效果是靠近点光源，点光源亮起，离开点光源，点光源熄灭。按照这个效果进行分析，可以设置一个区域，进入这个区域，点光源就可以亮起，这个区域需要进行碰撞检测，但不需要实际碰撞的物理效果，故这个区域应该设置为触发器（Is Trigger = True）。

选中光源，为其添加"Collider"组件。调整编辑"Collider"组件的范围大小，并将"Is Trigger"属性勾选，范围大小如图 9-1 所示。

图 9-1　"Collider"组件的范围大小

（2）在单元 7 的脚本"ControlLight.cs"的基础上，添加 ChangeLightState()重载方法，代码如下：

```
/// <summary>
/// 强制指定灯光的状态
/// </summary>
public void ChangeLightState(bool _state)
{
    LightState = _state;//此次状态和上次相反,利用取反的特点
    foreach (Light _i in LightArray) _i.gameObject.SetActive(LightState);
}
```

(3) 添加 OnTriggerEnter( ) 和 OnTriggerExit( ) 方法，代码如下：

```
private void OnTriggerEnter(Collider other)
{
    if (other.tag.Equals("Player")) ChangeLightState(true);
}

private void OnTriggerExit(Collider other)
{
    if (other.tag.Equals("Player")) ChangeLightState(false);
}
```

脚本编写完成后，将其挂载到相关的灯光对象上，并且将场景中第一人称视角角色控制器的"Tag"改为"Player"。

(4) 运行查看效果。

使用第一人称视角角色控制器查看感应灯是否制作成功，单击"Scene"视图上方的播放按钮运行场景，这时可以通过键盘上的方向键（或 W、A、S、D 键）控制第一人称视角角色控制器走进点光源的触发器，灯亮，离开触发器，灯灭。

任务9.3　制作感应灯预制体

任务 9.2 已经制作好了感应灯，但是一个建筑里面一般都不止一个感应灯，如果每次都重新制作显然费时费力。如果有方法可以把做好的感应灯保存起来，每次需要用时再复制一个同样的对象，显然这种方法效率更高。在 Unity 中一次制作，多次复用的功能可以通过预制体实现。

预制体可以理解为一个游戏对象（包括组件和子对象）被作为可重用的资源文件保存了起来，成为一个模板。预制体作为一种资源，可以在整个项目中使用，可以跨场景使用，也可以被脚本实例化。预制体还有一个很重要的属性，即当重用的多个预制体中有一个作了修改时，所有预制体都可以同步修改，但这并不意味着所有预制体实例都完全一样。

【知识点 9-2】　制作并使用感应灯预制体。

具体步骤如下：

(1) 首先在"Project"视图中创建一个"Prefabs"文件夹。可以将制作的预制体全部放在这个文件夹中，这样易于项目的资源管理。

(2) 按照任务 9.2 的方法，为床头柜上的台灯制作相应的功能（图 9-2），直接拖拽到"Project"视图中，生成预制体（图 9-3）。

这时可以看到"Hierarchy"视图中的点光源对象变为蓝色，若"Project"视图中的预制体被删除，那么在"Hierarchy"视图中的预制体实例的名字就会变成粉红色。

图 9-2 台灯效果

图 9-3 预制体

（3）使用感应灯预制体。

从"Project"视图中将感应灯预制体拖拽到场景中，在床的另一侧使用它（图 9-4）。若将预制体的实例作为游戏对象，则它在"Inspector"视图中会多一些属性，如图 9-5 所示。预制体在"Inspector"视图中的属性说明见表 9-2。

图 9 – 4 使用预制体

图 9 – 5 预制体在"Inspector"视图中的属性

表 9 – 2 预制体在"Inspector"视图中的属性说明

属性	说明
Open	进入预制模式,即预制体编辑模式。进入预制模式将使"Scene"视图、"Hierarchy"视图仅显示该预制体的内容,预制模式更利于编辑修改预制体
Select	在"Project"视图中选中预制体
Overrides	替换,一旦预制体的实例作了修改,这个修改适用于全体实例,或者说全体实例撤回到上一个修改。 (1) Revert All:全体实例撤回到上一个修改; (2) Apply All:这次修改适用于全体实例 (只有预制体实例作了修改才会出现这两个选项)

知识拓展

开始学习预制体的时候,容易把预制体和模型混淆,下面对预制体和模型的异同点进行整理,见表 9 – 3。

表 9 – 3 预制体和模型的异同

异同点	预制体	模型
创建方式	将对象拖拽至"Project"视图中	建模软件建立好模型后导入 Unity
实例化方式	均可通过拖拽到"Hierarchy"视图或"Scene"视图中使用,均可使用脚本实例化	
实例化代价	较低	较高,使场景运行负担比较重

续表

异同点	预制体	模型
是否可以多次实例化	可以在不同位置、不同场景进行实例化	
修改是否可以用于全部实例	可以，只要有一个预制体实例作修改，这个修改就可以被全体实例采用	不可以，模型每个实例都保持其导入时的样子，某个模型实例的修改无法重现于其他实例
在"Hierarchy"视图中的显示效果	均为蓝色方块和字体	
	图标为蓝色方块。	图标为蓝色方块，右下角附加白色文件

单元小结

本单元基于前面两个单元的知识完成了通过碰撞检测触发灯光开关的功能。在这个过程中使用的仍然是单元7创建的"ControlLight.cs"脚本。此处不难发现：一个简单的功能可能在项目中存在多种触发方式，每次增加新的触发方式时，除了增加相关的函数（如本单元的碰撞检测函数），还有可能需要修改原有函数。这个过程是每一位开发者必然经历的。也正是在这个过程中需要读者不断地回顾自己的代码，并进行修改。

在此强调这一点是想与读者分享一个经验——重新写一个功能函数往往比修改一个已有函数来适配新功能更容易（相对这个例子而言），但修改已有函数往往能够得到更多的收获，在学习阶段，可以先通过重新写一个函数来验证自己的思路是否正确，之后应该修改已有的函数使之达到相同效果，在这个过程中所积攒的就是老生常谈的"经验"。

思考与练习

1. 简述预制体与模型的区别。
2. 利用本单元创建的预制体适配其他灯光模型时，对游戏对象的层级对象是否有要求？（从脚本如何获取灯光组件的角度出发进行回答）

实　训

利用制作好的感应灯预制体，修改模型，适当地调整灯光的位置，组合后使用。进一步了解预制体的使用意义。

单元 10

制作可交互家具

学习目标

（1）了解 Unity 中射线检测的概念和作用；
（2）掌握射线检测功能的制作方法和使用方法；
（3）了解射线检测和碰撞体组件的关系。

任务描述

通过制作自动门和推拉门的实例来深化对碰撞器、触发器、碰撞检测、触发检测以及射线检测的认识。制作自动门主要使用触发检测，制作以及改善推拉门可以用到碰撞检测和射线检测。

任务10.1 射线检测的概念

用鼠标单击场景中的 3D 物体进行交互时，使用射线检测功能能够清楚地得到所交互物体，根据实际编写的脚本调用该物体的功能。

以本单元需要制作的可交互抽屉为例，当用鼠标单击抽屉时，是以相点为原点，朝着屏幕鼠标所在的位置发射一条射线（假设为无限远）。当射线发出时，它可能遇到场景中的很多物体，如抽屉、抽屉背后的墙壁等，在这个过程中，射线会检测并且反馈其第一个接触到的带碰撞体组件的物体。

任务10.2 制作射线检测功能

【知识点10-1】 制作射线检测功能。

具体步骤如下：

（1）创建脚本 "RaycastHandle.cs"，并指定获取相机的方式，具体代码如下：

```csharp
public class RaycastHandleDrawer : MonoBehaviour
{
    public Camera cam;

    private void Start()
    {
        cam = gameObject.GetComponent<Camera>();
    }
}
```

(2) 在 Update( )函数中进行射线检测，当射箭检测到带有碰撞体组件的对象时，通过 print( )函数将检测到的对象名称输出到控制台，具体代码如下：

```csharp
private void Update()
{
    //定义射线,利用相机的 API
    //cam.ScreenPointToRay(Input.mousePosition)指从相机的坐标点出发,
    //将 Input.mousePosition(鼠标位置)转换成空间坐标后,朝着这个方向发射一条射线
    Ray ray = cam.ScreenPointToRay(Input.mousePosition);

    //存储射线交互到的第一个带碰撞体组件的对象
    RaycastHit hit;

    //Physics.Raycast(ray, out hit),利用 Unity 提供的 API,
    //检测射线是否交互到对象(因为可能场景中没有对象带有碰撞体组件)
    //如果交互到对象,将其信息存储到 RaycastHit hit 这个变量中,方便开发者使用
    if(Physics.Raycast(ray, out hit))
    {
        //print 等同于 Debug.Log()
        //当射线交互到对象时,将该对象的名称打印到控制面板中
        print("hit obj:" + hit.transform.gameObject.name);
    }
}
```

(3) 挂载脚本组件。

在脚本编写完成后，找到场景中的相机对象，并将该脚本组件添加到该对象上。运行场景，在"Game"视图中移动鼠标，查看"Conolse"视图的输出信息。

任务 10.3 制作可交互抽屉

【知识点 10-2】 制作可交互抽屉。

具体步骤如下:

(1) 为抽屉对象添加碰撞体组件。

选中抽屉对象,确保其带有碰撞体组件(如果没有则自行创建)。调整编辑碰撞体组件的大小,如图 10-1 所示,碰撞体组件的大小一般在贴合模型本身的基础上适当增加一点,以便于交互检测。

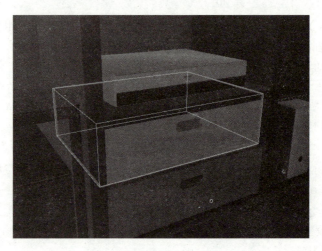

图 10-1 带碰撞体组件的抽屉对象

(2) 为抽屉对象添加交互脚本 "DrawerEvent.cs"。

此处对抽屉对象交互的定义为拉出抽屉和关上抽屉两种,类似于灯的开和关,即与抽屉交互时,需要改变抽屉的位置,如图 10-2、图 10-3 所示。

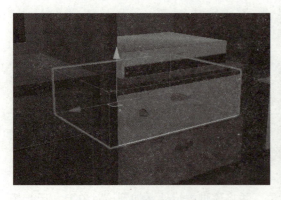
图 10-2 关闭状态的抽屉对象

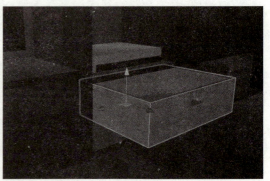
图 10-3 开启状态的抽屉对象

(3) 新建脚本 "DrawerEvent.cs",定义基本状态变量,代码如下:

```
public class DrawerEvent : MonoBehaviour
{
    ///记录当前抽屉对象的状态,true=开启,false=关闭
    public bool state = false;
    ///记录当前是否正在改变抽屉对象的状态
    public bool isChanging = false;

    ///记录关闭时抽屉对象的位置信息
    public Vector3 IsClose;
    ///记录开启时抽屉对象的位置信息
    public Vector3 IsOpen;

    private void Start()
    {
        IsClose = transform.localPosition;
    }
}
```

（4）利用 Unity 提供的协程函数编写控制抽屉对象开/关的函数 IEnumerator ChangeState( )，代码如下：

```
///位置偏移的可接受差值范围
public float PositionError = .1f;
///位移偏移的速度
public float PositionSpeed = 1f;

///利用协程函数处理抽屉对象的位移
IEnumerator ChangeState()
{
    isChanging = true;
    Vector3 tmp;
    if (state) tmp = IsOpen;
    else tmp = IsClose;

    while(Vector3.Distance(transform.localPosition, tmp) > PositionError)
    {
        transform.localPosition = Vector3.Lerp(transform.localPosition, tmp, Time.deltaTime * PositionSpeed);
```

```
            yield return null;
        }

        isChanging = false;
        yield break;
    }
```

(5) 编写射线检测后的触发函数 RaycastEvent()，代码如下：

```
private void Update()
{
    //暂时通过键盘上的按键测试函数是否正常
    if (Input.GetKeyDown(KeyCode.O)) RaycastEvent();
}

public void RaycastEvent()
{
    state =! state;
    if(isChanging && positionEvent! = null)
        StopCoroutine(positionEvent);
    positionEvent = StartCoroutine("ChangeState");
}

private Coroutine positionEvent = null;
```

(6) 挂载脚本。

脚本编写完成后，将脚本挂载到抽屉对象上，并且通过抽屉对象位置的移动，得到其打开、关闭时的 Position 值，填写到组件的 "Is Open" "Is Close" 属性中。

(7) 运行场景，查看效果。

脚本挂载后，运行场景，按下键盘上的 O 键，观察抽屉对象的打开、关闭效果。

任务10.4 射线检测——与抽屉进行交互

任务 10.2 完成了射线检测的功能，并且任务 10.3 完成了抽屉开/关的交互功能。在本任务中，需要通过获取射线检测到的对象，调用其身上组件的交互方法，以达到射线检测交互的效果。

简而言之，用鼠标单击抽屉对象，抽屉对象能够根据当前状态开启、关闭。

【知识点 10-3】 修改射线检测脚本 "RaycastHandleDrawer.cs"。

具体步骤如下：

(1) 获取射线检测的对象，调用其身上的相关方法，代码如下：

```
if(Physics.Raycast(ray, out hit))
{
    //任务10.4新增部分
    //从射线检测到的对象身上获取"DrawerEvent"组件
    //如果能够获取到(因为可能此次是和其他对象交互,其身上没有该组件),
    //那么调用相关的方法
    if (Input.GetMouseButtonDown(0))
    {
        DrawerEvent obj = hit.transform.GetComponent<DrawerEvent>();
        if (obj!=null)
        {
            obj.RaycastEvent();
        }
    }
}
```

(2) 运行场景并查看效果。

运行场景后，将鼠标放在抽屉对象上，单击鼠标左键即可与抽屉对象进行交互，使其打开或关闭。需要注意的是，这里添加了一个条件，即单击鼠标左键。

> 注意：
> 射线检测会发出射线，这条射线虽看不见，但确实存在，可以通过绘制射线来辅助学习，代码中的 Debug.DrawRay()就是在"Scene"视图中绘制射线，若要在"Game"视图下观察射线，可以使能"Game"视图上方的"Gizmos"按钮，如图10-4所示。

图 10-4 "Game"视图上方的"Gizmos"按钮

射线检测中"Scene"视图中的射线如图10-5所示。

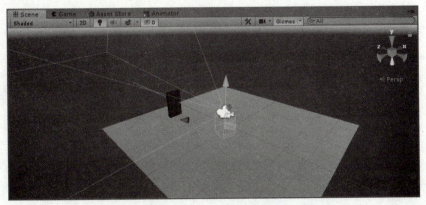

图 10-5 射线检测中"Scene"视图中的射线

单元小结

本单元为抽屉对象单独编写了一个脚本类。如果需要为灯光等其他家具添加交互脚本，在射线检测后需要逐个判断该对象上是否存在抽屉交互脚本、灯光交互脚本等，这无疑是低效的。

本单元引进 C#的类继承可以有效解决这个问题。所有家具交互脚本派生于一个基类，射线检测每次只需要判断对象身上是否存在该基类，并且调用该基类指定的交互函数即可，而派生类只需要重写方法。

思考与练习

1. 在什么情况下适合使用碰撞检测？
2. 在什么情况下适合使用射线检测？
3. 简述射线检测是如何实现的。
4. 利用预制体机制将其他抽屉对象制作成可交互对象。
5. 利用 C#的类继承，实现多种家具的交互事件。

实　　训

1. 在本书提供的场景模型中，分析不同家具交互适合哪种方式，阐述理由并进行制作。
2. 为灯光家具添加射线检测控制开关。

单元 11

制作虚拟电视机

学习目标

（1）了解 Unity 视频系统；
（2）了解视频资源的导入设置，并掌握使用方法；
（3）掌握 Unity 中多媒体对象的制作方法。

任务描述

为了高度还原房屋项目中的多媒体设备——电视机，需要先了解 Unity 视频系统的基础知识，将相关的视频资源导入项目，为房屋模型中的电视机对象制作显示屏，最后将导入的视频资源与显示屏关联，实现电视机播放视频的效果。

任务 11.1　了解视频基础

Unity 提供了视频系统，通过视频系统中的视频片段（Video Clip）可以修改导入的视频资源的属性，并利用视频播放器（Video Player）组件将视频运用到场景中。视频系统简化了对贴图的渲染，增强了场景中视频模型的画面感。需要注意的是，Unity 5.6 之前版本使用的是视频"Movie Textures"组件，建议使用本单元介绍的视频播放器组件。

下面介绍可用视频类型。

Unity 项目使用视频资源需要注意平台兼容性问题，视频文件必须使用目标平台支持的格式。表 11-1 所示为不同平台支持的视频文件格式，其中最常见的是"*.mp4""*.mov""*.webm"和"*.wmv"格式的视频文件。

表 11-1　不同平台支持的视频文件格式

扩展名	.asf	.avi	.dv	.m4v	.mov	.mp4	.mpg	.mpeg	.ogv	.vp8	.webm	.wmv
Windows	√	√	√	√	√	√	√	√	√	√	√	√
OSX	—	—	√	√	√	√	√	√	√	√	√	—

续表

扩展名	.asf	.avi	.dv	.m4v	.mov	.mp4	.mpg	.mpeg	.ogv	.vp8	.webm	.wmv
Linux	—	—	—	—	—	—	—	—	√	√	√	—

任务 11.2 导入视频片段

视频文件被导入 Unity 之后以视频片段的形式存在，在菜单中执行"Assets"→"Import New Asset"命令，在弹出的"Import New Asset"窗口中选择要导入的视频资源，导入成功后"Inspector"视图就会显示刚刚导入的视频片段信息。

视频片段能够通过"Inspector"视图进行设置、预览和属性查看。单击预览窗口右上角的播放按钮，可以播放视频片段。单击左上角的视频片段名称，选择"Source Info"选项可以查看视频片段的源信息。

视频片段设置窗口如图 11-1 所示，视频片段预览窗口如图 11-2 所示，视频片段主要属性说明见表 11-2。

图 11-1 视频片段设置窗口

图 11-2 视频片段预览窗口

表 11-2 视频片段主要属性说明

属性	说明
Importer Version	选择视频导入的版本：VideoClip（视频片段）和 Movie Texture（视频纹理）。选择视频纹理时，会提示"Deprecated"（弃用）
Open	使用外部播放器浏览视频片段
Deinterlace	选择视频扫描方式：Off（逐行扫描）、Even（扫描偶数行）和 Odd（扫描奇数行），默认是"Off"

续表

属性	说明
Flip Horizontally	是否对视频资源进行水平翻转显示（转码期间）
Flip Vertically	是否对视频资源进行垂直翻转显示（转码期间）
Import Audio	是否导入音频
Transcode	选择将源代码转换为哪种目标平台的兼容格式。若不勾选此属性，则使用原始内容
Dimensions	设置视频显示尺寸
Codec	设置解码器
Spatial Quality	设置不同的空间质量以节约存储空间

【知识点 11-1】 为制作虚拟电视机导入相关的视频资源。

具体步骤如下：

(1) 执行 "Assets" → "Import New Asset" 命令，在弹出的 "Import New Asset" 窗口中选中名为 "VideoSound" 的视频文件，单击 "Import" 按钮。

(2) 执行 "Assets" → "Create" → "Folder" 命令创建文件夹，重命名文件夹为 "Videos"，将导入的视频资源拖入文件夹中，如图 11-3 所示。

图 11-3 规范视频资源

任务 11.3　使用视频播放器组件

视频片段在场景中的使用需要配合视频播放器组件。选中目标对象，在 "Inspector" 视图中执行 "Add Component" → "Video" → "Video Player" 命令完成组件添加。在默认情况下，视频播放器的 "Material Property"（材质属性）被设置为对象的 "_MainTex"（主要纹理），这表示当视频播放器组件被附加到带有 "Mesh Renderer" 组件的对象上时，会自动将自己赋值给渲染器上的纹理，即视频片段是在网格渲染器的纹理上进行播放的。

视频播放器属性设置如图 11-4 所示，属性说明见表 11-3。

图 11-4 视频播放器属性设置

表 11-3 视频播放器属性说明

属性	说明
Source	选择视频来源的类型：Video Clip 和 URL（视频链接）
Video Clip	添加导入的视频片段
URL	输入本地系统文件中的视频资源链接
Play On Awake	设置是否在运行场景时播放视频
Wait For First Frame	设置是否在运行场景前准备好视频第一帧。如果未勾选此属性，前几帧可能被丢弃
Loop	设置是否循环播放视频
Skip On Drop	设置是否允许视频播放器跳过帧以赶上当前时间
Playback Speed	设置播放倍数，取值范围为 0~10，默认为 1（正常速度），如果设置为 2，视频播放速度为正常速度的 2 倍
Render Mode	选择视频图像渲染方式：Camera Far Plane（相机远平面）、Camera Near Plane（相机近平面）、Render Texture（渲染纹理）、Material Override（材质覆盖）和 API Only。默认设置是"Material Override"方式
Renderer	设置视频图像的渲染器。当设置为"None"时，将使用对象身上的网格渲染器
Material Property	接收视频图像的材质属性名称
Audio Output Mode	设置音频输出模式：None（无音频输出）、Audio Source（音频源输出）、Direct（直接输出）和 API Only
Controlled Tracks	设置视频中音轨的数量，仅在来源为 URL 时显示
Track Enabled	设置是否播放相关音轨，必须在播放之前设置
Mute	设置静音相关的音轨。在音频源输出模式下，使用音频组件控制。此属性仅在将音频输出模式设置为"Direct"时出现
Volume	设置音轨的音量。在音频源输出模式下，使用音频组件控制。此属性仅在将音频输出模式设置为"Direct"时出现

【知识点 11-2】 模拟现实场景中的电视机，制作虚拟电视机。
具体步骤如下：

(1) 执行"GameObject"→"3D Object"→"Plane"命令创建平面对象，重命名为"TV_Plane"，并将其作为电视机对象的子对象。

(2) 将"TV_Plane"对象的大小调整至电视机大小，并将其与电视机显示屏贴合，如

图11-5所示。

(3) 选中"TV_Plane"对象,在"Inspector"视图中执行"Add Component"→"Video"→"Video Player"命令为"TV_Plane"对象添加视频播放器。

(4) 设置"TV_Plane"对象的视频播放器组件属性,为"Video Clip"属性添加视频资源 VideoSound,如图11-6所示。

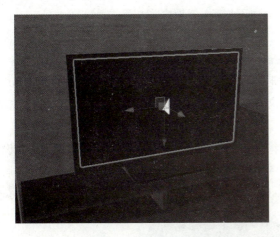

图11-5 电视机对象

图11-6 视频播放器组件

(5) 单击播放按钮,在"Game"视图中查看现象,如图11-7所示。

图11-7 虚拟电视机效果

知识拓展

Easy Movie Texture 视频插件

Easy Movie Texture 是较为常用的制作视频的插件,具有较高的可修改性和可操作性。只需要在某个对象身上挂载一个名为"MediaPlayerCtrl"的脚本文件即可实现视频播放效果,该脚本的主要属性介绍如下:

(1) StrFileName:用于输入视频文件的名称(注意在名称后面加上后缀".mp4",该文件需要存储在"StreamingAssets"文件夹中)。当然也可以直接输入绝对路径。

(2) Target Material:连接游戏对象的材质贴图并不断更新。可以简单理解为设置视频在哪个对象身上播放。

(3) B Loop:设置是否循环播放视频。

(4) B Auto Play:设置是否在运行场景时自动播放视频。

【知识点 11-3】 使用 Easy Movie Texture 插件制作虚拟电视机。

具体步骤如下:

(1) 在本书提供的资源中找到名为"Easy Movie Texture"的资源包,导入场景。

(2) 在"Hierarchy"视图中找到电视机对象下的显示屏子对象(AM144_069_obj_007),选中显示屏对象,在"Inspector"视图中执行"Add Component"→"Scripts"→"Media Player Ctrl"命令完成脚本组件的添加。

(3) 获取需要播放的视频资源名称,将其名称输入"Str File Name"框中,然后设置"Target Material"属性的"Size"为1,并将显示屏对象拖拽至"Element 0"框中。最后勾选"B Loop"属性,使视频重复播放。"Media Player Ctrl"脚本组件设置如图11-8所示。

图11-8 "Media Player Ctrl"脚本组件设置

(4) 单击播放按钮运行场景,查看效果,如图11-9所示。

图11-9 运行场景的效果

单元小结

本单元拓展了关于视频资源的导入设置，以及在 Unity 项目中应用这些场景需要使用的组件的相关知识。尽管本单元在介绍视频播放器组件时对其所有属性进行了逐一讲解，但在实验过程中不难发现并未对所有属性都进行操作。

请读者回顾前面单元所学内容，试着对视频播放加入相关的操作流程，如简单的鼠标单击播放、暂停以及停止，通过实践的方式掌握最基础的使用方法。在后续单元中加入 UGUI 内容时，可以从简单的开关控制进阶到更多样性的控制，那时再回过头查看本单元内容会有新的收获。

思考与练习

1. 简述视频系统在 Unity 场景中还能模仿现实生活中的哪些多媒体设备。
2. 简述使用 Easy Movie Texture 插件制作视频对象与使用原生操作制作视频对象有什么不同。

实　　训

1. 为虚拟电视机添加开关功能（碰撞检测、射线检测）。
2. 参考任务 11.3 的步骤制作虚拟投影仪。
3. 使用 Easy Movie Texture 插件完成虚拟投影仪的制作。

单元 12

虚拟立体声的实现

学习目标

（1）了解 Unity 音频系统；
（2）了解音频资源的导入设置，并掌握使用方法；
（3）掌握 Unity 中多媒体对象的制作方法。

任务描述

虚拟世界中需要有音频的存在，例如播放音响、模拟户外声音等。制作前需要先了解 Unity 音频系统，然后导入相关的音频资源文件，同时为房屋模型中的相关对象添加音频源（"Audio Source"）组件，将导入的音频资源与音频源组件关联，并修改音频源组件的属性，实现立体声效果。

任务 12.1 了解音频系统

在现实世界中，声音由音源物体发出并被听者接收。听者能大致分辨出声音来自哪个方位，也能感觉到声音的响度和音调。Unity 音频系统可以模拟音频源与音频监听器（Audio Listener，通常是主相机）的空间方位效果，并播放给用户。音频源和音频监听器对象的相对速度也可以模拟出多普勒效应以增加场景的真实感。

通过 Unity 音频系统中的音频片段（Audio Clip）可以修改导入的音频资源属性，并利用音频源组件将音频运用到场景中。

下面介绍 Unity 可用音频类型。

Unity 支持大多数标准的音频文件格式，但导入这些文件时，Unity 会对其进行重新编码并构建目标格式（默认情况下是 Vorbis，即"*.ogg"格式），具体支持格式见表 12-1。

其中"*.wav"格式对音频无损且音质好，但文件较大，适用于存储时长较短的音频文件；"*.mp3"和"*.ogg"格式对音频有损，但文件较小，适用于存储较长的文件。

表12-1 Unity支持的音频格式

格式	扩展名
MPEG Layer 3	.mp3
Ogg Vorbis	.ogg
Microsoft Wave	.wav
音频交换文件格式	.aiff/.aif
Ultimate Soundtracker 模块	.mod
Impulse Tracker 模块	.it
Scream Tracker 模块	.s3m
Fast Tracker 2 模块	.xm

任务 12.2　添加音频监听器组件

音频监听器类似麦克风设备，用来接收场景中的音频源。在默认情况下，音频监听器总是被添加到主相机上，在"Hierarchy"视图中选择主相机，查看"Inspector"视图即可找到音频监听器组件，可以看到音频监听器组件是无属性的，如图12-1所示。若将音频监听器组件添加到场景中的对象身上，任何靠近音频监听器的音频源都会被拾取并输出到计算机的扬声器上。注意，每个场景中只能有一个音频监听器。

图12-1　音频监听器组件

本任务中只需要确保音频监听器组件被添加到主相机上，若没有则执行"Add Component"→"Audio"→"Audio Listener"命令添加。

> 说明：
> 执行"Edit"→"Project Settings"命令，在弹出的"Project Settings"窗口中选择"Audio"选项卡，该选项卡允许调整场景中所有音频源组件的部分属性，也可以高效优化音频资源。

任务 12.3　导入音频片段

音频文件被导入 Unity 之后以音频片段的形式存在，在菜单中执行"Assets"→"Import New Asset"命令，在弹出的"Import New Asset"窗口中选择要导入的音频资源，导入成功后"Inspector"视图就会显示刚刚导入的音频片段信息，如图12-2所示，其属性说明见表12-2。

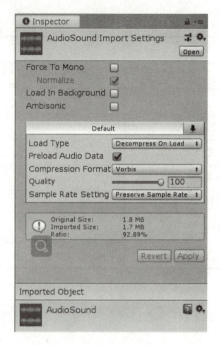

图 12-2 音频片段设置窗口

表 12-2 音频片段主要属性说明

属性	说明
Force To Mono	设置是否强制将多通道音频混合为单声道音频
Normalize	若"Force To Mono"属性被勾选，此属性被启用。音频在强制混合过程中被规范化
Load In Background	设置是否在后台加载。若勾选此属性，则不会在主线程上造成停顿。此属性在默认情况下是关闭的，以确保运行场景时所有音频片段已完成加载
Ambisonic	回声，设置是否根据听者的方位旋转声场
Load Type	选择场景运行时加载音频资源的方法。 （1）Decompress On Load（加载时解压）：一经加载就解压，适用于小文件。 （2）Compressed In Memory（内存中压缩）：音频在内存中压缩并在播放时解压，只能用于较大的文件。 （3）Streaming（流）：动态解码音频。使用最小量的内存缓冲从磁盘逐渐读取压缩数据，且这些数据在运行过程中解码
Preload Audio Data	设置音频片段是否在场景加载时被预加载，即所有音频片段已完成加载时，场景开始播放

续表

属性	说明
Compression Format	选择音频资源在场景运行时的压缩格式。 （1） PCM：牺牲文件大小，提高音质，适用于很短的音频。 （2） ADPCM：适用于需要大量播放的音频，比如脚步声、撞击声、武器声。 （3） Vorbis/MP3：文件比 PCM 小，但音质比 PCM 低，比 ADPCM 消耗更多的 CPU 资源，但大多数情况下使用这种格式。适用于中等长度的音频
Quality	当压缩格式为 Vorbis/MP3 时出现，用于调节音质以改变文件大小
Sample Rate Setting	设置 PCM 和 ADPCM 压缩格式的优化方式。 （1） Preserve Sample Rate（保持采样率）：保持采样率未修改（默认）； （2） Optimize Sample Rate（优化采样率）：自动优化采样率； （3） Override Sample Rate（覆盖采样率）：手动覆盖采样率

> **说明：**
> 在"Inspector"视图中的"Default"选项卡下可以查看导入前和导入后的音频文件大小以及压缩比率，其值随优化方式的改变而改变。

音频片段能够在"Inspector"视图中进行设置、预览和属性查看。查看音频片段预览窗口，单击右上角的播放按钮，可以播放音频片段；单击循环按钮，可以在音频片段预览窗口循环播放音频；单击自动播放按钮，则选中音频资源时自动播放。除此之外，音频片段预览窗口的下方显示音频片段的属性信息，如图 12-3 所示。

【知识点 12-1】 为制作虚拟立体声导入相关的音频资源。

具体步骤如下：

（1） 执行"Assets"→"Import New Asset"命令，在弹出的"Import New Asset"窗口中选择名为"AudioSound"的音频资源，单击"Import"按钮。

（2） 执行"Assets"→"Create"→"Folder"命令创建文件夹，重命名文件夹为"Audios"，将导入的音频资源拖入文件夹中，如图 12-4 所示。

图 12-3 音频片段预览窗口

图 12-4 规范音频资源

任务 12.4　使用音频源组件

音频片段是实际的声音文件，而音频源就像控制器，可以启动和停止音频的播放，或者修改音频的其他属性。音频源可以播放任何类型的音频片段，例如 2D 音频源、3D 音频源或者 2D 和 3D 的混合音频源等。

选择目标对象，在"Inspector"视图中执行"Add Component"→"Audio"→"Audio Source"命令完成音频源组件的添加。音频源属性设置如图 12 – 5 所示，属性说明见表 12 – 3。

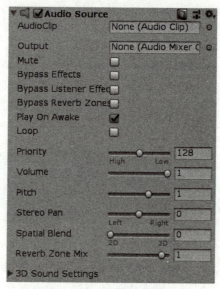

图 12 – 5　音频源属性设置

表 12 – 3　音频源属性说明

属性	说明
AudioClip	添加音频文件
Output	添加音频混频器。音频片段将通过此音频混频器输出。在默认情况下，音频片段直接输出到音频监听器
Mute	设置是否静音。若勾选此属性，则音频继续播放，但被静音
Bypass Effects	设置是否使当前音频的音频滤波器失效
Bypass Listener Effects	设置是否使当前监听器的音频滤波器失效
Bypass Reverb Zones	设置是否使回音失效
Play On Awake	设置是否在场景运行时播放音频。若未勾选此属性，则需要使用脚本中的 Play() 方法启动它

续表

属性	说明
Loop	设置是否在场景运行时循环播放音频
Priority	确定场景中所有音频源的优先级。值越大优先级越低
Volume	确定音频监听器距离音频源 1 m 处时的音量大小，即最大音量处的音量大小
Pitch	调整音频片段的音调。通过减速或加速改变音调，值为 1 是正常的播放速度
Stereo Pan	设置 2D 音频源的左、右声道占比，范围是 –1～1。默认值为 0，表示左、右声道输出同样大小的音量
Spatial Blend	指定当前音频源是 2D 音频源、3D 音频源还是二者插值的复合音频源，取值为 0 时是 2D 音频源，取值为 1 时是 3D 音频源
Reverb Zone Mix	设置输出到混响区域中的信号量。在通常情况下，取值为 0～1，但允许额外放大 10 分贝来增强声音的远近效果
3D Sound Settings	设置 3D 音频效果。当"Spatial Blend"属性设置为纯 2D 音频源时，Unity 无视此属性；若设置为非纯情况则插值混合输出。此属性设置如图 12–6 所示
Doppler Level	多普勒效应指的是当音频监听器与音频源之间发生相对运动时，声音频率发生变化的效果。此属性用于确定音频源的多普勒效应强度。取值范围为 0～5，默认值为 1。如果设置为 0，则没有多普勒效应
Spread	设置扬声器空间的立体声传播角度
Volume Rolloff	选择声音在距离上的衰减速度（衰减情况由曲线决定，X 表示距离，Y 表示衰减后剩余百分比）。 （1）Logarithmic Rolloff（对数衰减）：靠近音频源时，声音很大；远离音频源时，声音迅速衰减。 （2）Linear Rolloff（线性衰减）：离音频源越远，声音越小。 （3）Custom Rolloff（自定义衰减）：自定义声音在距离上的变化
Min Distance	设置音量曲线中的最大音量位置，默认值为 1
Max Distance	设置停止衰减的距离。当超出此距离时，声音将停止衰减。"Min Distance"和"Max Distance"属性可以通过"Gizmos"按钮调整

【知识点 12–2】 模拟现实场景中的户外声音，制作立体声效果。
具体步骤如下：

（1）选择窗户对象，为其添加一个子对象，适当调整位置（居中于窗户）后，添加音频源组件，需要注意调整音频源组件的有效范围，如图 12-7 所示。

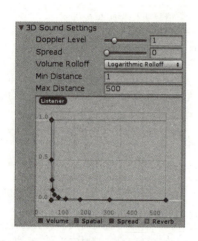

图 12-6 "3D Sound Settings" 属性设置

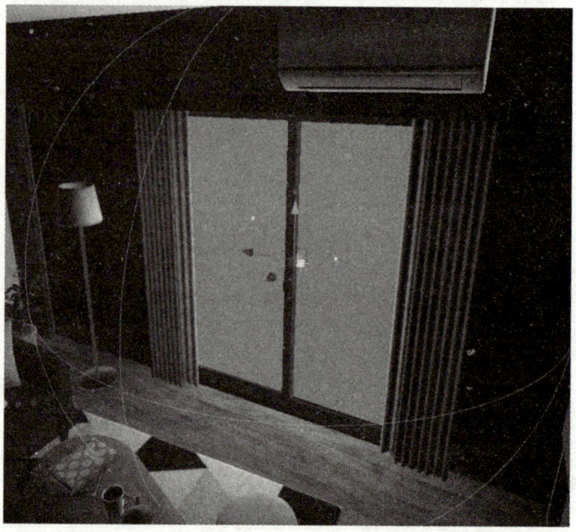

图 12-7 添加音频源组件

（2）设置音频源组件的属性，为 "AudioClip" 属性添加 "AudioSound" 片段，设置 "Spatial Blend" 属性为 1（3D 音频源），将 "Max Distance" 属性调整为 10，如图 12-8 所示。

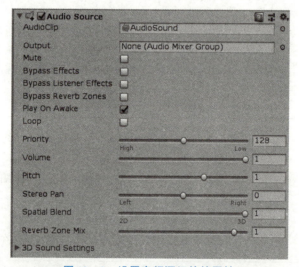

图 12-8 设置音频源组件的属性

（3）单击播放按钮运行场景，进入 "Scene" 视图，移动主相机，当主相机靠近窗户时，声音变大；当主相机远离窗户时，声音变小。左右旋转移动检查左、右耳立体声效果。

> **注意：**
> 如果运行场景时没有声音，则检查 "Game" 视图上方的 "Mute Audio" 按钮是否处于使能状态。

知识拓展

基于本单元的介绍，读者能够感受到 Unity 音频系统灵活而强大，其中音频片段组件能转变音频格式，音频源组件能修改音频属性，音频监听器组件能接收音频并通过扬声器播放，音频混频器（"Audio Mixer"）组件能混合各种音频资源，音频过滤器（"Audio Filters"）组件能修改音频输出并作用在音频监听器上，音频混响区（"Reverb Zones"）组件能制作回声效果。

Unity 音频系统的灵活性不只体现在制作上，还体现在控制上。Unity 编辑器中关于音频的设置大多数可以通过脚本编辑器修改，即当场景运行时，也能控制和修改音频，这有利于实现音频与场景交互，比如射击声、爆破声和人物对话等。

Unity 中常用的音频类是 AudioSource，利用该类的 Play( ) 方法可以播放音频源，利用该类的 Stop( ) 方法可以关闭音频源，利用该类的 Pause( ) 方法暂停音频源，利用该类的 UnPause( ) 方法可以取消暂停，利用该类的 PlayDelayed（float delay）方法可以延时播放音频源。

【知识点 12-3】 利用键盘上的 F 键播放或关闭音频源。

具体步骤如下：

（1）选择相关的音频源对象，为其添文件名为"sound"的脚本组件，在 sound 类中编写如下脚本：

```
AudioSource sound;
bool isOn;   //记录当前播放状态
void Start(){
    isOn = false;
    sound = this.GetComponent <AudioSource>();
}
void Update(){
    //在非播放状态下按键盘上的F键播放音频。
    if(Input.GetKeyDown(KeyCode.F) && !isOn){
        sound.Play();
        isOn = true;
    }
    //在播放状态下按键盘上的F键关闭音频。
    else if(Input.GetKeyDown(KeyCode.F) && isOn){
        sound.Stop();
        isOn = false;
    }
}
```

（2）单击播放按钮运行场景，按键盘上的 F 键播放音频，再按一次 F 键关闭音频，依此循环。

单元小结

通过本单元的学习读者可了解 Unity 项目中音频资源的导入设置，以及在项目场景中使用这些音频资源需要使用的音频源组件以及音频监听器组件。音频是提高项目体验非常重要的一个因素，留心观察优质的游戏项目，可以发现从开场的背景音乐（BGM）、世界的环境音频到操作菜单的互动音频，其细节均十分丰富。

音频资源与其他资源一样，针对项目定制的内容固然最好，但在学习阶段往往无法满足这个条件，所以这个阶段着重于对组件使用方法的学习。

另外，本书并未提及关于 Unity 音频混频器组件的具体内容，因为该组件一方面超出本书应用的范畴，另一方面其追求的是对音频细节的把控，倾向于艺术设计的范畴。

思考与练习

1. 如何将 2D 音频源设置为 3D 音频源？
2. 什么时候使用 2D 音频源比 3D 音频源更合适？
3. 如何使用自定义衰减曲线制作 3D 立体声？
4. 添加音频监听器组件时应该注意哪些事项。

实　　训

1. 在场景中的窗户处添加室外音效。
2. 利用 Unity 音频系统，在抽屉交互时添加相关音效。
3. 利用 Unity 音频系统，在灯光交互时添加相关音效。

单元 13

Unity的UGUI系统

学习目标

（1）了解 UI（User Interface，用户界面）的概念和作用，并区分 GUI（Graphical User Interface，图形用户界面）和 CLI（Command-Line Interface，指令行界面）；

（2）了解 Unity 中的 UGUI（Unity Graphical User Interface，Unity 图形用户界面）系统的概念和作用；

（3）了解 Unity 中 UGUI 系统提供的画布（"Canvas"）组件的作用，并掌握其使用方法；

（4）了解 Unity 中 UGUI 系统提供的 "Rect Transform" 组件的作用，并掌握其使用方法；

（5）了解 Unity 中 UGUI 系统提供的文本（"Text"）组件的作用，并掌握其使用方法；

（6）了解 Unity 中 UGUI 系统提供的图像（"Image"）组件的作用，并掌握其使用方法。

任务描述

本单元探讨什么是 UI 以及 UI 在场景中起什么样的作用。在 Unity 中 UI 的制作涉及 Unity 的 UGUI 系统。本单元通过对实例的分析，介绍不同情况下 UGUI 系统所提供的解决方案以及基础组件 "Canvas" "RectTransform" "Text" 和 "Image" 之间的关系和使用方法。

任务 13.1　了解 UGUI 系统

【知识点 13-1】　什么是 UI？

UI 是用户使用软件时，系统与用户之间进行交互和信息交换的媒介。UI 设计是一门单独的课程，本书不涉及，只重点介绍 UI 功能的实现及 Unity 的 UI 制作系统。

现在的软件基本都是通过 GUI 来完成人机交互，如图 13-1 所示。在 GUI 被广泛应用之前，软件大多是通过 CLI 实现人机交互的，如图 13-2 所示。CLI 需要用户记住操作指令，通过输入操作指令完成所需要的操作，而 GUI 通过图像化的界面，使用户通过操作鼠标就能完成大多数的功能操作（Unity 的界面就采用 GUI 形式）。

接下来介绍如何制作 GUI，GUI 需要大量的文本、图片来表示相应的信息，Unity 提供了 UGUI 系统来帮助完成这项工作。

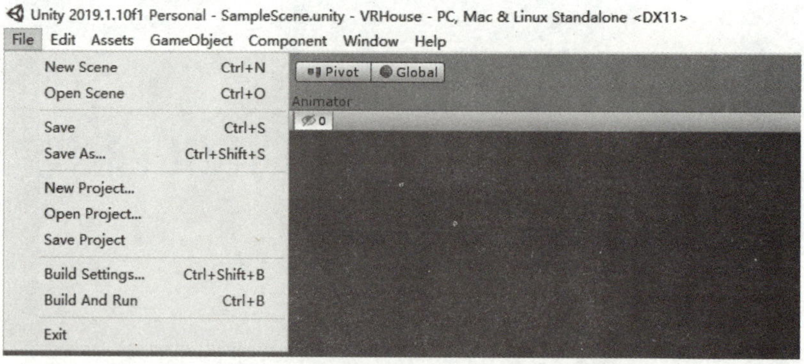

图 13 - 1　Unity 软件的人机交互界面

图 13 - 2　CLI

【知识点 13 - 2】　什么是 UGUI？

UGUI 是 Unity 为开发者进行 GUI 功能开发提供的工具。从基本的文本（Text）和图像（Image）到具有组合功能的按钮（Button）、滑动条（Slider）等，Unity 提供了一系列 GUI 功能组件的解决方案，只需要开发者学习如何使用这些组件，即可制作出功能丰富的 GUI。

任务 13.2　了解画布（Canvas）对象

所有 UI 控件都必须是画布的子对象，如果不是，那么将无法显示这些 UI 控件。当创建一个 UI 对象时，如果场景中没有画布，系统会默认创建一个新的画布对象，并将当前 UI 对象作为其子对象。在创建画布对象时，系统会默认创建一个 EventSystem，主要用来接收、处理与 UI 有关的交互信息，如鼠标停留在某个 UI 组件上，或单击某个 UI 组件等操作的响应。

图 13 - 3 所示为画布对象的组件信息，画布组件属性/模式说明见表 13 - 1。

图 13-3 画布对象的组件信息

表 13-1 画布组件属性/模式说明

属性/模式	说明
Render Mode	渲染模式，按照 2D 方式渲染到屏幕上，或按照 3D 方式渲染到场景空间中
Screen Space – Overlay	画布填满整个屏幕的空间，即画布的大小会自动随着屏幕大小的改变而改变。 （1）Pixel Perfect：确保图形在不同分辨率的情况下保证清晰度。 （2）Sort Order：画布的深度，在有多个画布的情况下，影响 UI 的显示顺序
Screen Space – Camera	与"Screen Space – Overlay"模式相似，画布同样填满整个屏幕，且屏幕尺寸变化会导致画布自动改变大小以适配屏幕。同时该模式下画布的内容由指定的 Render Camera 渲染。 （1）Pixel Perfect：与"Screen Space – Overlay"模式相同。 （2）Render Camera：渲染画布的相机。 （3）Plane Distance：画布距离相机的距离。 （4）Sorting Layer：通过指定画布的层级来改变画布的渲染深度，选择的层排序越后，显示的优先级越高。 单击该按钮后执行"Add Sorting Layer"命令，可以编辑层。 （5）Order in Layer：设置在相同的 Sort Layer 下画布显示的先后顺序。数字越大，显示的优先级越高
World Space	此模式下，画布被视为与场景中其他普通游戏对象性质相同的类似一张面片（Plane）的游戏物体。画布的尺寸可以通过"Rect Transform"组件设置，UI 元素可以显示在普通 3D 物体的前面或者后面。 （1）Event Camera：用来指定接受事件的相机，可以通过画布上的"Graphic Raycaster"组件发射射线产生事件。 （2）Sorting Layer：与"Screen Space – Camera"模式相同。 （3）Order in Layer：与"Screen Space – Camera"模式相同

画布主要是根据不同的表现形式来决定选择的渲染方式，然后随着 UI 的类型增多，要强调 UI 之间的显示优先级问题。比如按钮上的文字信息一定显示在按钮图片上。

图 13-4 所示是一款游戏的 UI，下面借此分析不同模式下画布的应用效果。

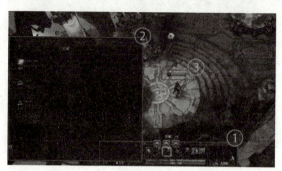

图 13-4　不同模式下画布的应用效果

（1）Screen Space - Overlay，窗口①是角色的信息栏，始终保持在界面的某个位置，一般情况下显示优先级是最低的，即它可以被其他 UI 遮挡。

（2）Screen Space - Camera，窗口②是购买菜单，在玩家需要的时候才会打开，并且它的优先级比窗口①高，所以窗口②可以遮挡窗口①的内容。

（3）Screen Space - World Space，窗口③是血量条，跟随角色模型移动，可以理解为一个 3D 对象，而不是普通的 2D 对象。

任务 13.3　了解"Rect Transform"组件

和 3D 对象一样，UI 对象也有位置组件来表示其位置、旋转和缩放信息，不同的是 UGUI 的位置组件是"Rect Transform"组件，它还包括尺寸（Size）、轴心（Pivot）、锚点（Anchor）等信息，如图 13-5 所示。

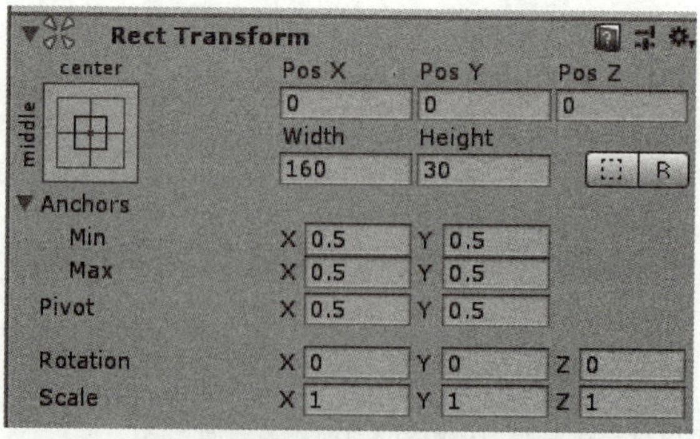

图 13-5　"Rect Transform"组件

Pos 即 Position 的缩写，与 2D 不同的是这里的 Z 是有效的，即可以把 UI 对象当作一个 3D 对象来使用，比如制作游戏角色头上的血条、名称、Buff 效果等。

"Width"和"Height"属性控制组件的大小，虽然是 3D 对象，但是仍然只有宽度和高度，没有深度，所以在制作 3D UI 的时候，一般要控制 UI 面向相机（即玩家的视角），避免

"穿帮"[①]。"Width"和"Height"属性与"Scale"属性相同,都能控制 UI 的大小,但是"Scale"属性会影响子对象的缩放,而"Width"和"Height"属性则不会,其只是改变自身大小。所以,在进行布局设计时,最好通过改变"Width"和"Height"属性来作调整,维持"Scale"属性的统一。

"Pivot"项显示的是百分比数字(0.5 = 50%),当值为(0,0)时,UI 对象的轴心位于左下角位置,而(1,1)则表示 UI 对象的轴心位于右上角。这个位置往往根据开发的需要进行调整,可以小于0,也可以大于1(修改后如果需要使用,请将"Center"模式改为"Pivot"模式)。最明显的效果在于旋转,UI 的旋转总是围绕 UI 的轴心,那么当轴心为(0.5,0.5)时,UI 对象总是围绕自己的中心进行旋转,但是当轴心为(0,0)时,UI 对象则围绕左下角旋转。

"Anchors"项与"Pivot"项相似,其包括两组二维坐标"Mix"和"Max"。选择"Rect Transform"组件,可以看到默认情况下 UI 的中心有4个三角形图标,分别对应 UI 对象的4个角点。选择三角形图标中心点进行拖动是对整个锚点进行移动,单独选中某个三角形图标是对对应的角进行移动。

锚点的主要作用是确定 UI 与其父对象(如果父对象也有"Rect Transform"组件)的位置和大小关系。单击正方形和十字图案组成的锚点视图(图13-6),可以看到有两类选项,一类是位置关系("left""center""right""top""middle"和"bottom"),另一类为大小关系("stretch")。单击任意选项都会直接改变锚点的位置,位置关系的选择会让 UI 对象不管父对象的大小和缩放比例,始终保持设置时的相对位置关系。大小关系的选择会让 UI 对象跟随父对象的大小变化,并保持大小比例始终不变。

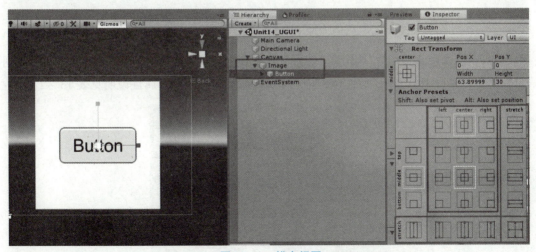

图13-6 锚点视图

可以看到,选择不同的锚点类型后,"Pos"属性也会发生一定的变化,如当锚点的 Min X 和 Max X 属性值不同时,Pos X 会变成 Left,Width 会变成 Right,此时直接控制控件的左、右边界位置(Min Y 和 Max Y 也会发生相对的变化,如图13-7和图13-8所示)。

---

① 比喻游戏制作中产生的小错误。

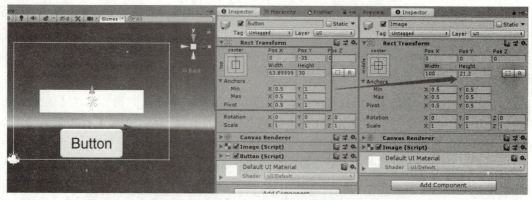

图 13-7　Min X 与 Max X 相同

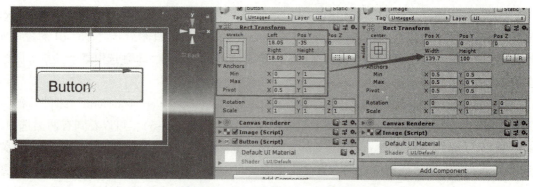

图 13-8　Min X 与 Max X 不相同

任务 13.4　了解"Text"组件

"Text"组件用于显示文字信息。登录界面中的文本提示、游戏界面中的当前状态提示信息都需要用到"Text"组件。"Text"组件如图 13-9 所示,其属性说明见表 13-2。

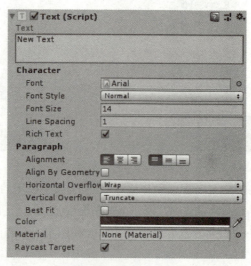

图 13-9　"Text"组件

表 13 – 2 "Text" 组件属性说明

属性	说明
Text	文本，用于输入需要显示的文本内容，即输入的内容会被显示在场景对应的文本控件中
Font	字体，用于设置文本的字体，如宋体、仿宋和楷体等
Font Style	字体样式，用于设置文本字体的特殊样式。 （1）Normal：无特殊表现； （2）Bold：加粗； （3）Italic：斜体； （4）Bold And Italic：斜体并加粗
Font Size	字体大小，用于设置文本字体的大小
Line Spacing	设置文本的行间距
Rich Text	设置是否允许使用富文本（Rich Text） 允许使用富文本时，在一段文字中可以有多种不同的样式表达，主要通过为文字添加标签来定义不同的表现效果。 <b>文本</b>，显示的文字会加粗。 <i>文本</i>，显示的文字为斜体。 *更多选项可以查阅相应的 API 文档
Alignment	对齐方式，用于设置文本水平和垂直方向上的对齐方式
Align by Geometry	几何对齐，使用字形几何图形的范围执行对齐，而不是字形度量
Horizontal Overflow	水平溢出，用于处理水平方向上的文本溢出。UGUI 系统提供了以下两种处理方式： （1）Wrap：按照文本框的宽度显示文本内容，超出文本框宽度的内容不被显示。 （2）Overflow：忽略文本框的宽度设置，显示所有文本内容
Vertical Overflow	垂直溢出，用于处理垂直方向上的文本溢出。UGUI 系统提供了以下两种处理方式： （1）Truncate：按照文本框的高度显示文本内容，超出文本框高度的内容不被显示。 （2）Overflow：忽略文本框的高度设置，显示所有文本内容
Best Fit	最优显示，忽略控件的大小，尝试显示完整的文字内容
Color	颜色，用于设置文本文字的颜色
Material	材质，允许为文本文字添加材质

在场景中创建一个文本对象后,可以快速地尝试修改其属性,然后在场景中查看文本对象的变化。Unity 的 UGUI 系统只提供了一种字体类型,若需要使用系统外的字体类型,可以将外部字体资源导入项目资源,导入之前需要先确认字体类型文件是否包含需要显示的文字字符。比如导入的字体类型可能不支持汉字显示,那么当选择该"Font"属性后,所有的汉字内容都将无法正确显示。

"Horizontal Overflow"属性与"Vertical Overflow"属性的功能相似,对于文本控件来说,这两个属性决定能不能显示超出控件大小范围的内容。测试该项功能的作用时,需要确保文字内容足够长(即"Warp"选项下无法显示全部),这样才能直观地观察到现象,下面通过表 13-3 详细了解它们。

表 13-3 "Horizontal Overflow"与"Vertical Overflow"属性功能说明

Horizontal Overflow	Vertical Overflow	Font Size
Wrap	Truncate	[Min Size, Max Size]
Wrap	Overflow	[Min Size, Max Size] 纵向不受影响,例如调整"Line Spacing"属性的值不会改变"Font Size"属性
Overflow	Truncate	[Min Size, Max Size]
Overflow	Overflow	"Best Fit"属性不起作用

"Best Fit"属性勾选后,会有"Min Size"和"Max Size"两个值,"Min Size"的取值区间为[0, Font Size],"Max Size"的取值区间为[Font Size, 300]。控件会根据 Overflow 的情况,改变 Font Size [Min Size, Max Size]来尽量显示全部文本内容。

文字的颜色除了 RGB 以外,还有一个 Alpha 通道,即修改文字的透明度。

任务 13.5 创建文本内容

本任务分为两部分,第一部分为创建"ScreenSpace-Overlay"类型的文本,第二部分为创建"WorldSpace"类型的文本。

【知识点 13-3】 创建"ScreenSpace-Overlay"类型的文本。

具体步骤如下:

(1) 创建"Canvas"组件,修改其属性"Render Mode"为"Screen Space - Overlay";

(2) 在"Canvas"组件下创建子对象"Text",命名为"InteractableText",修改其属性,如图 13-10 所示;

(3) 调整"Text"组件的位置信息,确保在"Game"视图中能够看到该对象,如图 13-11 所示。

【知识点 13-4】 创建"WorldSpace"类型的文本。

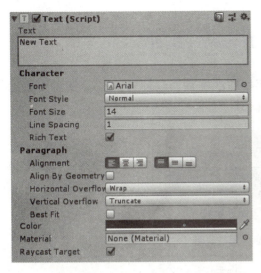
图 13-10 "Text"组件属性

图 13-11 "Game"视图预览

具体步骤如下：

(1) 创建"Canvas"组件，修改其属性"Render Mode"为"WorldSpace"；

(2) 在"Canvas"组件下创建子对象"Text"，命名为"OBJNameText"，修改其属性，如图 13-12 所示；

(3) 调整"Text"组件的位置信息，在"Scene"视图中能够看到其表现，如图 13-13 所示。

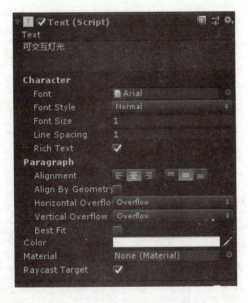
图 13-12 "Text"组件属性

图 13-13 "Scene"视图预览

创建完成后，运行场景，查看效果，可看到"ScreenSpace-Overlay"类型的文本始终显示在屏幕中，而"WorldSpace"类型的文本如同 3D 对象，需要调整视角以确保在视野范围内才能够看到。

任务 13.6 了解 "Image" 组件

"Image" 组件用于显示图像内容。登录界面按钮的图片、软件的 logo 等都需要通过 "Image" 组件显示。"Image" 组件属性如图 13-14 所示，属性说明见表 13-4。

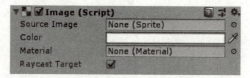

图 13-14 "Image" 组件属性

表 13-4 "Image" 组件属性说明

属性	说明
Source Image	设置需要显示的图像资源。 图像资源必须在项目资源目录中，并且导入时需要设置为 "Sprite" 类型资源
Color	设置图像颜色
Material	用于渲染图像的材质
Raycast Target	设置是否响应射线交互

需要先导入图像资源到项目中，并将图像资源的导入类型改为 "Sprite"，这样才能被用于 "Image" 组件。在 "Project" 视图中选择导入的图像资源，通过 "Inspector" 视图查看导入设置，如图 13-15 所示。

"Color" 属性设置的并不是图像在场景中的最终效果，其原因是使用的图像本身不一定是白色的，设置 "Color" 属性后，得到的图像颜色是图像本身的颜色叠加了 "Color" 属性所选颜色后的效果。比如在制作按钮时，为了提高界面的互动性，经常会让 d 按钮在用户不同的交互条件下发生变化，当鼠标经过按钮时让按钮变大，当鼠标单击时让按钮改变颜色等，此时可以根据具体需要改变图像的底色。

"Rect Transform" 组件中关于 "Image" 对象大小的设置会影响图像资源的显示效果。长、宽比例被破坏，会导致图像资源被不规则地拉伸。在图像资源的导入界面查看 "Preview" 视图，可以看到图像资源本身的大小，得到长、宽比例后，按比例改

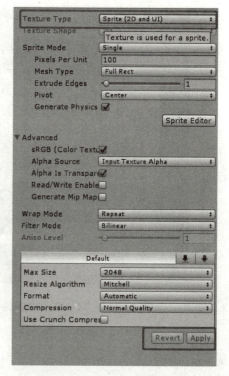

图 13-15 图像资源导入设置

变"Image"对象的大小可以保持图像不失真。

为控件添加了"Sprite"类型后，会有"Image Type"属性出现，该属性控制组件的表现方式。选择"Filled"选项后，可以看到其子属性也发生了变化，如图 13-16 所示。通过修改"Fill Amount"属性的值可以看到图像资源的表现发生改变，填充度会跟随值的变化发生改变，也可以配合脚本或动画来加载特效。

图 13-16 "Image Type"属性

单元小结

通过本单元的学习读者对 UI 的基础概念有了清晰的理解，并了解到 Unity 为 GUI 制作所提供的 UGUI 这一工具。本单元通过简单的实验创建了关于场景模型内容的介绍文本，下一单元将涉及 UGUI 的交互组件。

本书的 UI 内容并不涉及华丽的界面设计知识，而是通过简单的风格进行关于 UGUI 的使用介绍，读者在学习过程中不应花太多的心思在堆砌华丽的界面上。

思考与练习

1. 简述 UGUI 提供的解决方案分别适应什么情景。
2. 简述 2D UI 和 3D UI 的不同之处。
3. 简述 UGUI 的"Canvas"组件与其他基础组件的关系。
4. 简述"Image"组件和"Text"组件的异同。
5. 为本单元中创建的"Text"组件添加"Image"元素，使 UI 内容更加丰富。

实　　训

1. 为场景中可交互的对象添加相关的文字介绍与交互提示。
2. 对单元 7 创建的"打开/关闭灯光"的内容进行修改：
（1）当灯光开启时，将文本显示修改为"通过（指定一个按键）关闭灯光"；
（2）当灯光关闭时，将文本显示修改为"通过（指定一个按键）打开灯光"。
3. 为本单元创建的"Text"组件添加进入灯光检测范围时显示，离开时检测范围时隐藏的功能。
4. 为本单元创建的"World Space"类型的"Text"组件添加"LookAt"功能，保证其出现时始终面向相机（提示："LookAt"功用应用 Z 轴，必要时需要为"Text"组件添加一个父对象以控制朝向）。

单元 14

制作互动UI

学习目标

（1）了解 Unity 中 UGUI 系统提供的按钮（"Button"）组件的作用，并掌握其使用方法；
（2）了解 Unity 中 UGUI 系统提供的切换开关（"Toggle"）组件的作用，并掌握其使用方法；
（3）了解 Unity 中 UGUI 系统提供的滑动条（"Slider"）组件的作用，并掌握其使用方法；
（4）了解 Unity 中的委托事件，并掌握其使用方法。

任务描述

本单元介绍 UGUI 系统的基础交互组件，如"Button""Toggle""Slider"组件及其相关属性、触发事件脚本的编写方法，为前面单元所制作的功能添加新的交互方式。

任务 14.1 按 钮

UGUI 系统中的按钮是最为常见的交互 UI 类型，UGUI 系统自带的按钮由图像和文本两部分组成（图 14-1）。

按钮的创建方式：在菜单栏选择"GameObject"→"UI"→"Button"选项。

一张图片和一段文字可以组成一个按钮，每个"Button"对象都有"Button"组件。"Button"组件如图 14-2 所示，其属性说明见表 14-1。

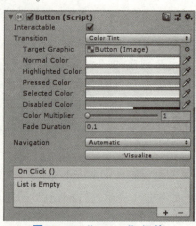

图 14-1 按钮

图 14-2 "Button"组件

表 14-1 "Button" 组件属性说明

属性	说明
Interactable	设置是否支持交互（鼠标、键盘交互）
Transition	过渡方式，即按钮在状态改变时自身的过渡方式，有以下几种： （1）None：无。 （2）Color Tint：颜色色彩。 　①Target Graphic：目标图形； 　②Normal Color：正常颜色； 　③Highlighted Color：高亮颜色； 　④Pressed Color：按下颜色； 　⑤Selected Color：选择颜色； 　⑥Disabled Color：已禁用颜色； 　⑦Color Multiplier：色彩乘数； 　⑧Fade Duration：淡化时间。 （3）Sprite Swap：精灵交换。 　①Target Graphic：目标图形； 　②Highlighted Sprite：高亮精灵； 　③Pressed Sprite：按下精灵； 　④Selected Sprite：选择精灵； 　⑤Disabled Sprite：已禁用精灵。 （4）Animation：动画。 　①Normal Trigger：正常触发； 　②Highlighted Trigger：高亮触发； 　③Pressed Trigger：按下触发； 　④Selected Trigger：选择触发； 　⑤Disabled Trigger：引禁用触发； 　⑥Auto Generate Animation：自动生成动画
Navigation	通过键盘上的方向键切换按钮的焦点，使其进入下一个按钮，键盘导航的方向可以遵循下面的规则： （1）None：无； （2）Horizontal：水平； （3）Vertical：垂直； （4）Automatic：自动； （5）Explicit：显式，指定导航； （6）Visualize：可视化，把按键能够导航到的路径可视化，高亮的黄色箭头为当前按钮可导航到的目标
On Click( )	鼠标单击按钮后调用该列表函数

【知识点14-1】 创建按钮控制灯光的开启/关闭。

单击按钮后，调用按钮挂载的 On Click() 事件来控制灯光的开启/关闭。为了方便操作，在场景中创建一个固定位置的相机，确保能够看到灯光对象，如图14-3所示。

图14-3 相机视角设置

（1）在"ScreenSpace-Overlay"类型的"Canvas"组件下创建两个"Button"组件，并修改其文本内容为"开启""关闭"，如图14-4所示。

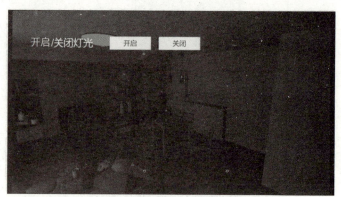

图14-4 添加"Button"组件

（2）编辑脚本"ControlLight.cs"，添加方法 BtnCallOpenLight()、BtnCallCloseLight()，代码如下：

```
/// <summary>
///UGUI,单击按钮打开灯光。
/// </summary>
public void BtnCallOpenLight()
{
    ChangeLightState(true);
    //灯光关闭后,将"开启"按钮设置为不可交互
    BtnOpenLight.interactable = false;
    BtnCloseLight.interactable = true;
}
```

```
/// <summary>
///UGUI,单击按钮关闭灯光。
/// </summary>
public void BtnCallCloseLight()
{
    ChangeLightState(false);
    //灯光关闭后,将"关闭"按钮设置为不可交互
    BtnOpenLight.interactable = true;
    BtnCloseLight.interactable = false;
}
```

（3）在场景中分别选择创建的"Button"组件，添加 On Click( )事件，将场景中挂载的"ControlLight"组件拖拽到 On Click( )新增的空槽后，单击"No Function"下拉框，找到脚本名称，选择对应的方法，如图 14 – 5、图 14 – 6 所示。

图 14 – 5　添加开启灯光的方法委托　　　　图 14 – 6　添加关闭灯光的方法委托

（4）运行场景，分别单击两个按钮，可以看到对应灯光的开启、关闭，如图 14 – 7、图 14 – 8 所示。

图 14 – 7　灯光开启　　　　　　　　　　　图 14 – 8　灯光关闭

任务14.2 切换开关

切换开关是一个复选框,允许用户打开或关闭一个选项,也可以把多个切换开关加入一个组,同一个组内的切换开关只允许有一个被勾选(图14-9)。

切换开关的创建方式:在菜单栏选择"GameObject"→"UI"→"Toggle"选项。

"Toggle"组件如图14-10所示。其属性说明见表14-2。

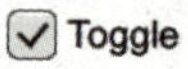

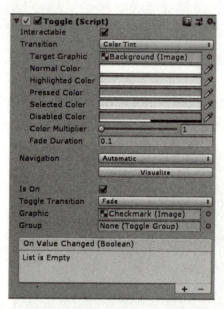

图14-9 切换开关

图14-10 "Toggle"组件

表14-2 "Toggle"组件属性说明

属性	说明
Interactable	设置是否支持交互(鼠标、键盘交互)
Transition	同"Button"组件,不再赘述
Navigation	同"Button"组件,不再赘述
Is On	设置此"Toggle"组件是否开启
Toggle Transition	切换过渡: (1) None:无; (2) Fade:淡入淡出
Graphic	图形,用于选中标记的图像,比如对勾
Group	设置此"Toggle"组所属的ToggleGroup
On Value Changed(Boolean)	当"Toggle"组件是否勾选的值(Toggle值)发生变化时触发这个事件列表

Toggle 值变化触发事件主要有两种绑定方法:
(1) 可视化绑定,同 "Button" 组,如图 14 – 11 所示。

图 14 – 11　On Value Changed(Boolean) 事件

(2) 脚本绑定,代码如下:

```
public Toggle toggle;

void Start ()
{
//监听 on Value Changed(Boolean)事件,为切换开关的 on Value Changed(Boolean)事件添加
On Toggle Click()方法
//切换开关的状态时,需要知道是哪个切换开关的状态发生改变,故需要传递 Toggle 和 isOn 参数
    toggle.onValueChanged.AddListener((bool isOn) =>
    {OnToggleClick(toggle,isOn);});
}

private void OnToggleClick(Toggle toggle,bool isOn)
{
    print("Toggle 值修改");
}
```

任务 14.3　滑　动　条

滑动条(图 14 – 12)的创建方式:在菜单栏选择 "Game Object" → "UI" → "Slider" 选项,创建成功后可以看到 "Slider" 组件有 3 个子控件,如图 14 – 13 所示,具体说明见表 14 – 3。

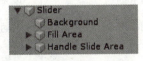

图 14 – 12　滑动条　　　　图 14 – 13　"Slider" 组件的 3 个子控件

表 14 – 3　"Slider" 子控件说明

"Slider" 子控件	说明
Background	背景,如图 14 – 12 中滑动条灰色背景底图

续表

"Slider"子控件	说明
Fill Area	填充区域，如图 14-12 中滑动条被填充的白色区域
Handle Slide Area	可移动的滑块、手柄、控制点，如图 14-12 中的圆形

"Slider"组件如图 14-14 所示，其属性与"Button"组件类似，见表 14-4。

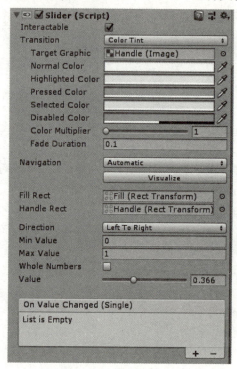

图 14-14 "Slider"组件

表 14-4 "Slider"组件主要属性说明

属性	说明
Interactable	设置是否支持交互（鼠标、键盘交互）
Fill Rect	填充矩形，滑动条填充区域的矩形变换（Rect Transform）
Handle Rect	手柄矩形，控制点的矩形变换（Rect Transform）
Direction	设置拖动手柄时，滑块值将增加的方向。 （1）Left To Right：从左到右； （2）Right To Left：从右到左； （3）Bottom To Top：从下到上； （4）Top To Bottom：从上到下

续表

属性	说明
Min Value	设置最小值，即滑动条没有滑动时的起始值
Max Value	设置最大值，即滑动条拉满的最大值
Whole Numbers	整数，其值只使用整数表示
Value	设置当前滑动条的进度值
On Value Changed（Single）	Slider 值调整时触发的事件列表

【知识点 14-2】 创建滑动条控制灯光的强度。

通过修改 Slider 值，调用滑动条挂载的 On Value Change( )事件来控制灯光的强度。

具体步骤如下：

(1) 在"ScreenSpace - Overlay"类型的"Canvas"组件下创建一个"Slider"组件，并修改其"Min Value"和"Max Value"属性分别为 0.5 和 2.0。

(2) 编辑脚本"ControlLight.cs"，添加方法 SliderCallChangeIntensity( )，代码如下：

```csharp
public void SliderCallChangeIntensity(float _value)
{
    foreach(Light _l in LightArray)
    {
        _l.intensity = _value;
    }
}
```

(3) 编辑脚本"ControlLight.cs"，在 Start( )函数中通过脚本添加事件委托，代码如下：

```csharp
public SliderSliderChangeIntensity;
void Start()
{
    SliderChangeIntensity.onValueChanged.AddListener(SliderCallChangeIntensity);
}
```

(4) 在场景中，找到挂载的"ControlLight"组件，将相关"Slider"对象拖拽到"SliderChangeIntensity"引用处。

(5) 运行场景，修改 Slider 值，查看灯光的强度表现，如图 14-15、图 14-16 所示。

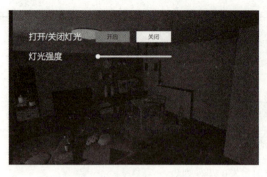 

图 14－15　Slider 值为 0　　　　　　　图 14－16　Slider 值不为 0

知识拓展

除了本单元学习的上述 UI 对象以外，Unity 中还有 ScrollView（滚动视图）、Dropdown（下拉列表）这两个复合的互动 UI 类型。

（1）ScrollView：从外观上可以看出由"Image"组件和两个"ScrollBar"组件组成，如图 14－17 所示，主要用于查看滚动的界面，如文章公告、武器库界面、背包系统等。

（2）Dropdown：主要由"Image""Text"和"Toggle"组件组成，如图 14－18 所示，用于下拉可选择的选项，如填写性别、省份等应用场合。

 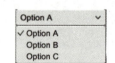

图 14－17　ScrollView　　　　　　　图 14－18　Dropdown

单元小结

本单元着重介绍 UGUI 系统的交互组件，以简单的"Image"组件作为背景色强调界面的存在，继而利用"Button"组件的 On Click( ) 委托方法调用编写的脚本功能实现通过 UGUI 系统与场景对象交互的功能。

思考与练习

1. 将任务 14.1 中利用"Button"组件开启/关闭灯光改为利用"Toggle"组件开启/关闭灯光。

2. 将任务 14.1 中"Button"组件的 On Click( ) 事件改为通过脚本添加委托事件。

3. 将任务 14.3 中 "Slider" 组件的 On Value Change( ) 事件改为通过界面拖拽方式添加委托事件。

4. 简述两种添加委托事件的方法有何区别。作为开发者的你更倾向于使用哪种？为什么？

实　　训

1. 制作场景中音频的可交互 UI 界面（如音频的开关、音量的大小、音频是否循环等）。
2. 通过固定相机，利用射线功能与物体进行交互。
（1）通过鼠标单击场景中的 OBJ 模型（例如灯光）后，显示控制灯光的 UI 面板；
（2）通过鼠标单击面板的关闭键（创建一个按钮）关闭面板；
（3）通过按键盘上的 Esc 键关闭面板。
3. 利用派生类的方法（减少不必要的脚本）完成上述功能。

单元 15

制作虚拟行星

学习目标

（1）了解 Unity 中的动画系统；
（2）了解 Unity 中的动画资源文件；
（3）掌握 Unity 中动画资源的导入设置和使用方法；
（4）掌握 Unity 中"Animator"组件的使用方法；
（5）掌握 Unity 中制作动画的机制和方法。

任务描述

本单元为室内场景添加装饰物——虚拟行星。虚拟行星主要是由模型材质＋动画组成。首先学习 Unity 动画系统的基本工作流程，其次需要将本书提供的行星资源导入房屋工程，最后利用这些资源通过 Unity 动画系统的内部构建方法实现八大行星围绕太阳公转的效果。

任务 15.1　了解动画系统

动画系统（又称 Mecanim）的功能丰富，具体如下：
（1）它提供了简单的工作流程和操作设置；
（2）它支持内部创建动画，也支持外部导入动画；
（3）它能够进行角色模型重定向，能够将一个角色模型的动画添加到另一个对象模型身上；
（4）它具有可视化编辑器，无论是动画片段的内部创建界面（Animation），还是动画片段之间的过渡或交互界面（Animator），都具有预览功能；
（5）它能够对角色模型身上的不同部位进行不同逻辑的动作设定。

动画系统的工作流可以根据资源的走向分为 3 个模块：资源创建模块、资源控制模块、资源实体化模块。模块之间的关系如图 15-1 所示，不管是外部导入的动画片段还是内部创建的动画片段，均可通过动画控制器（Animator Controller）进行编辑或控制，最后使用"Animator"组件实体化动画控制器即可。

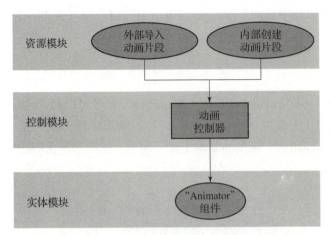

图 15-1 动画系统各模块之间的关系

任务 15.2 资源模块——获取动画片段

1. 帧与关键帧的概念

为了便于理解动画系统,这里介绍经常帧和关键帧。帧是一个量词,用于书法字画等,在古代一幅画叫作一帧。在计算机影视制作中,帧就相当于一个静止的画面,连续的帧就形成了动画。在 Unity 动画系统中,使用一系列的帧来记录物体某一时间段的位置、旋转和大小等信息的改变,这段时间内物体信息的变化就形成了动画。

Unity 内部构建动画片段时,只需要使用部分帧记录物体某些时刻的关键信息,这些帧就叫作关键帧,关键信息(即关键帧)之间的过渡由 Unity 自动插值完成。

2. 动画片段的获取方式

动画资源在 Unity 中的存在形式是动画片段。动画片段可以理解为对某一特定对象的单一线性记录,它包含了不同时间下特定对象的位置、旋转和大小等属性信息,主要的获取方式是外部导入和内部创建。

1)外部导入

Unity 支持多渠道获取动画资源,如:
(1)动作捕捉设备捕捉到的动作数据;
(2)第三方动画编辑工具(Autodesk 3ds Max、Autodesk Maya)创建的动画;
(3)第三方动画资源库(Unity 资源商店)中的动画;
(4)从动画时间轴上剪辑得到的一个或多个动画片段。

在本书的单元 3 中已经介绍了外部动画的导入方式和导入设置,这里不再赘述。一般情况下,导入的动画片段在 "Animation" 窗口中为只读状态,不能进行修改。如果想要编辑导入的动画片段，可以选中动画片段，按"Ctrl + D"组合键（复制 + 粘贴）得到一个新的可编辑的动画片段。

2）内部创建

执行"Window"→"Animation"→"Animation"命令可以打开动画片段的可视化编辑器"Animation"视图。下面以一个名为"Cube"的动画片段为例介绍"Animation"视图，图 15 – 2 所示是"Animation"视图的基本工具，图 15 – 3 所示是关键帧编辑窗口，图 15 – 4 所示是曲线编辑窗口。

图 15 – 2 "Animation"视图的基本工具

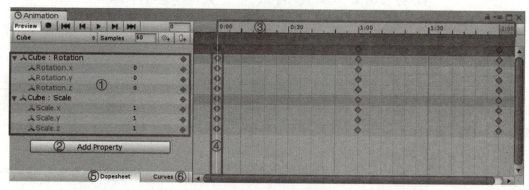

图 15 – 3 关键帧编辑窗口

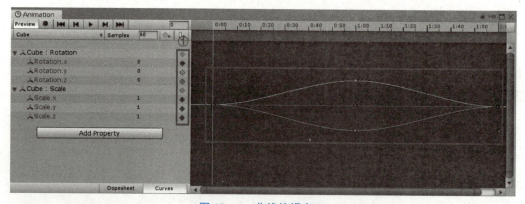

图 15 – 4 曲线编辑窗口

"Animation"视图的基本工具说明如下：

①："Preview"按钮，设置是否进入预览模式，预览模式下时间线呈浅蓝色；

②：录制按钮，设置是否进入录制模式，录制模式下时间线与"Inspector"视图中的相关属性均呈红色；

③：定位到第一帧；

④：后退一帧；

⑤：播放按钮，单击该按钮可在"Scene"视图中播放动画；

⑥：前进一帧；

⑦：定位到最后一帧；

⑧：当前录制帧；

⑨：显示当前正在编辑的动画片段的名称，单击动画片段名称，如"Cube"，会显示该对象身上的所有动画片段，可以通过执行"Create New Clip"命令为该对象创建新的动画片段；

⑩：帧速，当前帧速为 60 帧/s；

⑪：添加关键帧；

⑫：添加动画事件。

关键帧编辑窗口的工具说明如下：

①：参与录制的属性；

②：添加需要被录制的属性；

③：时间线，双击时间线上的帧，当前录制线会定位到双击的帧所在位置；

④：白色竖直线为当前录制线，灰色的菱形结构为关键帧；

⑤：关键帧编辑窗口，为默认窗口；

⑥：曲线编辑窗口。

曲线编辑窗口的工具说明如下：

①：不同的属性值用不同的颜色表示，分别对应右边窗口中的曲线；

②：属性变化的曲线，体现了关键帧之间的插值变化。

【知识点 15-1】 使用内部创建的方法，制作八大行星系统。

具体步骤如下：

(1) 导入资源后，在项目中创建一个空场景，目的是方便创建动画资源与调试。

(2) 在"Hierarchy"视图中执行"Create"/"Create Empty"命令创建空对象，并重命名为"Planets"，同时单击"Transform"组件的"齿轮"图标，选择"Reset"选项，重置"Transform"组件中的属性值。

(3) 在房屋项目的"Prefabs"文件夹中找到名为"Sun"的预制体，将其拖拽至"Planets"对象下，使其作为"Planets"对象的子对象。"Planets"对象和"Sun"对象的"Transform"组件属性设置如图 15-5 所示。

(4) 完成上述步骤之后，目前场景中可见的只有"Sun"对象。接下来在"Prefabs"文件夹中分别找到名为"Mercury""Venus""Earth""Mars""Jupiter""Saturn""Uranus"和"Neptune"的预制体，并将这些预制体作为"Planets"对象的子对象添加到"Hierarchy"视图中。

(5) 在"Scene"视图中按照八大行星的轨道顺序进行排列，依次是"Sun""Mercury""Venus""Earth""Mars""Jupiter""Saturn""Uranus"和"Neptune"，可以参考图 15-6 进行八大行星对象的"Transform"组件属性设置。

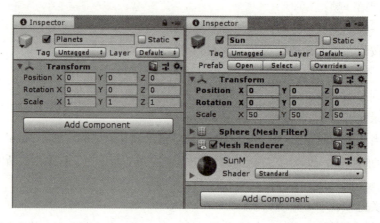

图 15-5 "Planets" 对象和 "Sun" 对象的 "Transform" 组件属性设置

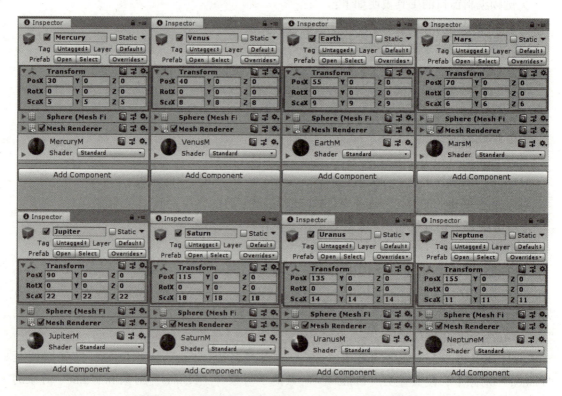

图 15-6 八大行星对象的 "Transform" 组件属性设置

（6）排列完成后，大致如图 15-7 所示即可。

（7）分别为 8 个行星添加空对象作为父对象，让每个行星基于父对象旋转，因此需要确保父对象的"Position"属性与"Sun"对象的"Position"属性一致。各行星的父子关系设置如图 15-8 所示。

（8）将 Unity 编辑器的轴心和坐标系分别设置为"Pivot"和"Local"，如图 15-9 所示，目的是使行星以父对象的 Y 轴为旋转的中心轴。

图 15-7 排列后行星效果

图 15-8 各行星的父子关系设置　　图 15-9 设置轴心和坐标系

（9）根据行星的公转规律，越靠近太阳的行星公转周期越短。为此，依次设置"MercuryCenter""VenusCenter""EarthCenter""MarsCenter""JupiterCenter""SaturnCenter""UranusCenter"和"NeptuneCenter"对象旋转一圈所需要的时间为 4 s、6 s、8 s、10 s、16 s、20 s、24 s 和 28 s。

（10）打开"Animation"视图，若 Unity 编辑器中没有"Animation"视图，可以通过执行"Window""Animation""Animation"命令打开。

（11）选择"MercuryCenter"对象，单击"Animation"视图中的"Create"按钮，创建名为"MercuryAnimation"的动画片段（注意创建一个"Animations"文件夹用于管理行星系统中的所有动画片段）。

（12）执行"Add Property"→"Transform"→"Rotation"命令添加需要参与录制的"Rotation"属性，如图 15-10 和图 15-11 所示，选中自动创建的位于刻度 1∶00 处的关键帧，单击鼠标右键，选择"Delete Keys"命令删除关键帧（这一帧的值是不需要的，删除即可）。

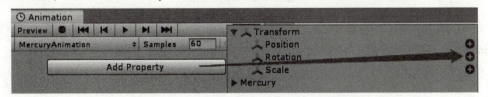

图 15-10 添加参与录制的"Rotation"属性

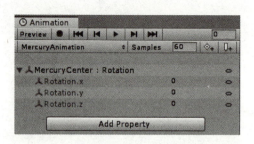

图 15 – 11　完成添加

（13）单击"Animation"视图中的录制按钮进入录制状态，单击 4：00 刻度线，此时白色竖直线会移动到 4：00 刻度线处。在"Inspector"视图中修改"MercuryCenter"对象的"Rotation Y"属性值为 – 360（行星的公转方向为逆时针），也可以直接修改"Animation"视图中的"Rotation. y"参数，如图 15 – 12 所示。

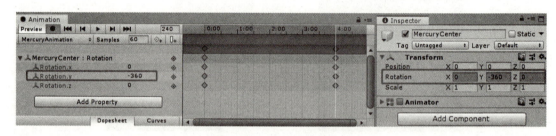

图 15 – 12　录制旋转属性

（14）再一次单击录制按钮退出录制状态。此时可以运行场景预览效果。如图 15 – 13 所示，"Mercury"对象每间隔 4 s 绕"Sun"对象逆时针旋转一周（360°）。

图 15 – 13　预览效果

（15）重复步骤（10）~ 步骤（13），完成另外 7 个行星的动画片段制作，各行星的"Animation"视图如图 15 – 14 和图 15 – 15 所示。

（16）所有动画片段的制作完成后，运行场景，查看效果，如图 15 – 16 所示。

单元 15　制作虚拟行星

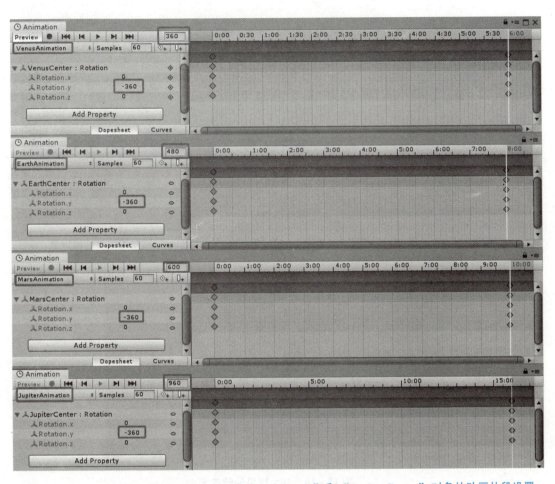

图 15-14　"VenusCenter""EarthCenter""MarsCenter"和"JupiterCenter"对象的动画片段设置

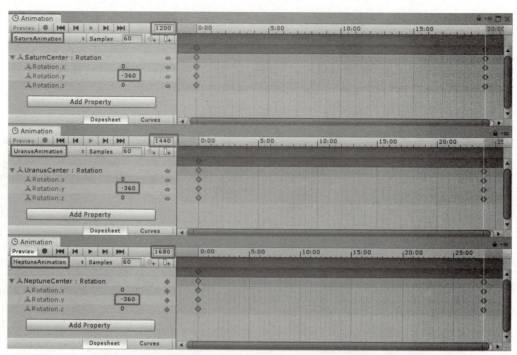

图 15-15 "SaturnCenter" "UranusCenter" 和 "NeptuneCenter" 对象的动画片段设置

图 15-16 八大行星公转效果

任务 15.3 控制模块——制作动画控制器

动画控制器可以实现动画片段之间的交互。为了便于理解，可以把动画片段看成动画控制器的最小单位，而动画控制器则是一个结构化的流程图，它体现了动画片段之间的切换关系。运行场景时，动画控制器充当一个状态机，用于跟踪当前应该播放哪个动画片段，以及动画片段之间何时进行切换或混合。因此，动画控制器也称为动画状态机，而动画控制器中不同的动画片段也称为不同的动画状态。执行"Window"→"Animation"→"Animator"命令可以打开"Animator"视图。"Animator"视图有 3 个主要部分："Layers"（层级）窗口、"Parameters"（属性）窗口和右边的网格布局窗口。图 15-17 所示是带有默认状态（Cube）的"Animator"视图。

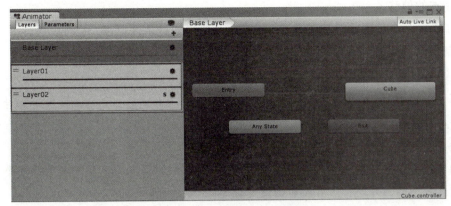

图 15-17 "Animator"视图

1. 网格布局窗口

如图 15-17 所示，右边的网格布局窗口默认有 3 种状态："Entry"（进入状态）、"Exit"（退出状态）和"Any State"（任意状态）。任何状态都可以过渡到"Any State"节点连接的状态。"Entry"节点会默认过渡到第一个创建的状态，即默认状态。网格布局窗口中的主要操作如下：

（1）用鼠标右键单击网格空白处，执行"Create State"→"Empty"命令新建一个空状态，也可以将"Project"视图中的动画片段直接拖入网格布局窗口，系统会自动创建一个状态节点保存此动画片段。

（2）用鼠标右键单击网格空白处，创建 Sub-State Machine（子状态机）以及 Blend Tree（混合树），实现更加平滑自然的动画混合效果。

（3）用鼠标右键单击动画状态节点进行删除或者复制操作。

（4）用鼠标右键单击动画状态节点，选择"Make Transition"（建立状态过渡）选项，从节点出发引出一条有向线段，此时鼠标单击另外一个动画状态节点，即实现了两个动画状态节点之间的动画过渡。

（5）选择动画状态节点，查看其"Inspector"视图，可以修改动画片段以及播放速度等。

前面一直提到的"过渡"指的是，上一个动画状态结束后，根据退出时间过渡到下一个动画状态。选择动画状态节点之间的过渡线，在"Inspector"视图中展开"Settings"选项，如图 15-18 所示，可以看到"Transition Duration"（过

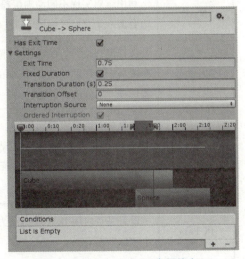

图 15-18 "Settings"选项信息

渡时间），它控制过渡的长度；"Exit Time"（退出时间），它说明何时开始退出；"Fixed Duration"（固定时间），它映射到一个确切的时间段；"Transition Offset"（过渡偏移），过渡开始时间点的偏移。

除了等上一个动画状态结束后进行过渡，还可以通过条件过渡，也可以通过脚本访问属性来控制角色过渡。

> **快捷方式说明：**
> （1）在动画控制器中按住 Alt 键及鼠标左键可以平移网格布局窗口，或者按住鼠标滚轮不放进行拖动。
> （2）使用鼠标滚轮可以放大或缩小网格布局窗口。
> （3）若需要放大查看网格布局窗口中的单个或多个动画片段，可以单击单个动画片段或框选多个动画片段，然后按 F 键进行放大。

2. "Layers" 窗口

如图 15-17 所示，通过左边的"Layers"窗口可以创建、查看和编辑动画层。单击窗口中的"眼睛"图标可以隐藏或显现"Layers"窗口。单击"+"图标可以创建新的动画层。用鼠标右键单击某个动画层选择"Delete"选项则删除动画层。单击动画层列表右侧的"齿轮"图标可以看到该层的设置，如图 15-19 所示。其属性说明见表 15-1。

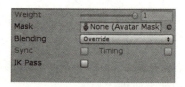

图 15-19 动画层设置窗口

表 15-1 动画层属性说明

属性	说明
Weight	设置该层动画的权重
Mask	利用遮罩实现不同动画层控制人形骨骼的不同部位。若添加遮罩，则"齿轮"图标旁边会多一个"M"标记
Blending	选择混合模式：Override（覆盖）和 Additive（叠加）。"Override"模式表示当前动画层会覆盖上级层的动画。"Additive"模式表示不重写上级层的动画，叠加在上级层动画上。若选择"Additive"模式，则"齿轮"图标旁边会多一个"A"标记
Sync	选择是否需要设置同步层。若勾选此属性，此时会出现"Timing"（定时）复选框和"Source Layer"（来源层）列表，在"Source Layer"列表中选择同步于哪个层，选择之后该层的动画和来源层相同。若选择了同步层操作，则"齿轮"图标旁边会多一个"S"标记
IK Pass	设置是否启用 IK（反向动力学）动画。若启动 IK 动画，则"齿轮"图标旁边会多一个"IK"标记

> **说明：**
> 同步层是指在不同的层中重用相同的动画，比如想要模拟"受伤"行为，只需要添加一个"受伤层"，同步"默认层"，此时"默认层"的行走、跳跃和奔跑动画都会同步到"受伤层"，实现"受伤"状态下的行走、跳跃和奔跑。

3. "Parameters" 窗口

如图 15-20 所示，在"Parameters"窗口中可以定义 4 种变量：Int（整型）、Float（浮点型）、Trigger（触发器）、Bool（布尔型）。这 4 种变量都可以通过脚本进行访问和控制。单击窗口中的"眼睛"图标可以隐藏或显现"Parameters"窗口。单击"+"图标可以创建新的参数。右击参数列表选择"Delete"选项则删除参数。参数说明见表 15-2。

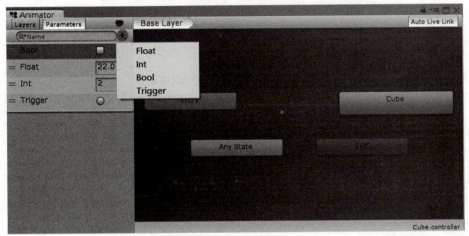

图 15-20 "Parameters" 窗口

表 15-2 参数说明

参数	说明
Int	整型，参数是一个整数值，通常用于记录事件发生的次数，例如一个角色受到多少次攻击
Float	浮点型，参数可以是小数类型的值，通过判断条件是否满足来触发过渡，如角色奔跑速度是否小于某个值
Bool	布尔型，参数为真或假，用于判断是否符合某个条件，如是否穿过某个碰撞体并触发一次过渡
Trigger	触发器，类似布尔型，但是条件被触发后会自动重置，而布尔型需要依靠脚本重置

任务 15.4 实体模块——运用"Animator"组件

"Animator"组件就是动画控制器的实体，通过"Animator"组件将相对应的动画控制器添加到对象身上。选择目标对象，在"Inspector"视图中执行"Add Component"→"Miscellaneous"→"Animator"命令添加"Animator"组件。需要注意的是，除了"Animator"组件之外还有"Animation"组件，该组件是为了兼容旧版本的 Unity 才保留的，建议使用本书介绍的"Animator"组件。"Animator"组件如图 15-21 所示，属性说明见表 15-3。

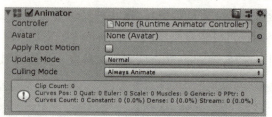

图 15-21 "Animator"组件

表 15-3 "Animator"组件属性说明

属性	说明
Controller	添加动画控制器
Avatar	人形骨架的映射，对人形角色的动画，可以通过添加人形骨架进行动画映射
Apply Root Motion	应用根运动，选择使用动画还是脚本来修改角色的位置或旋转信息
Update Mode	选择动画的更新模式："Normal"（正常）模式表示与 Update 同步更新；"Animate Physics"（物理动画）模式表示与 FixUpdate 同步更新；"Unscaled Time"（无视时间）模式表示无视 Time.timeScale 进行更新（一般用在 UI 动画中）
Culling Mode	选择动画的剔除模式："Always Animate"模式表示即使相机没有看向动画，动画也依旧播放；"Cull Update Transform"模式表示相机没有看向动画时，动画停止播放，但位置会继续被更新；"Cull Completely"模式表示相机没有看向动画时，所有动画信息停止更新

知识拓展

动画重定向

Unity 的动画重定向主要作用于人形对象身上，指重复运用已有的动画控制器，使不同的骨骼对象具有相同的动画行为。比如模拟团队舞蹈，团队里面每个人的人形骨骼是不一样的，但是他们跳舞的动作是一致的，这时使用动画重定向，将一个舞者的动作"复制"到其他舞者身上，即实现了团队齐舞的效果。

Unity 使用动画覆盖控制器（Animator Override Controller）实现动画重定向，执行"Assets"→"Create"→"Animator Override Controller"命令创建动画覆盖控制器。在"Inspector"视图中查看动画覆盖控制器，其属性如图 15-22 所示，为"Controller"属性添加动画控制器，此时该动画控制器携带的动画状态均被获取并显示出来，如图 15-23 所示，为该动画覆盖控制器添加名为"FightingUnityChan_free"的动画控制器，在检索栏下方出现了该动画控制器的所有动画状态，设计者可以根据需要对动画状态进行重覆盖。

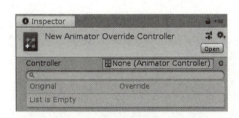

图 15-22 动画覆盖控制器的属性

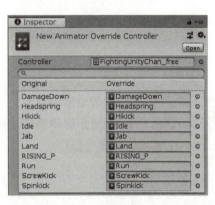

图 15-23 添加动画控制器

单元小结

本单元利用 Unity 提供的动画系统结合行星模型制作了简易的太空行星。在任务过程中不难发现 Unity 的动画系统相对于专业的动画制作软件相对简易，可基于 Unity 的组件，通过帧动画记录组件的数值变化达到动画的制作效果。

思考与练习

1. 简述动画片段（"*.clip"）和 Animation（组件）的关系。
2. 简述动画片段和 Animator（组件）的关系。
3. 简述动画片段、Animation、Animator 的关系。
4. 简述动画片段中关键帧和非关键帧的关系。
5. 动画重定向常用于实现什么效果？
6. 为场景中的某个物体添加动画时，能否控制其子对象身上的位置、旋转和大小等信息。

实 训

1. 利用 Unity 的动画系统为每个行星添加自转效果。
2. 将行星整体内容制作为预制体，添加到室内场景中。
3. 添加交互 UI，可以通过 UI 控制动画的播放、停止及播放速度。

单元 16 制作虚拟沙盘模型

学习目标

（1）了解 Unity 中的地形编辑器；
（2）掌握 Unity 中地形编辑器的使用方法；
（3）了解风区的概念和作用。

任务描述

本单元为房屋模型添加装饰物——虚拟沙盘。在学习了 Unity 地形编辑器的基本绘制工具之后，通过合理使用绘制工具制作基本地形，即地形白模，然后为白模增加地貌效果，还可以添加花草树木以及水源，最后为这些树木和草丛添加风力作用，使地形更加逼真。

任务 16.1　了解地形编辑器

Unity 的地形编辑器（又称地形系统）是为了模拟现实世界中的地形效果而创建的，其通过高度值的差异表现山峰的高低起伏，通过地表的不同纹理贴图表现不同特征的地貌。使用地形编辑器不仅能够绘制出地形的基本效果，如山脉、河流、山谷等，还可以为地形放置树木、添加花草贴图或模型、创建风力区等，若想要创建更加逼真的效果，还可以结合天空盒、太阳光以及迷雾等功能。

执行 "GameObject" → "3D Object" → "Terrain" 命令创建地形，此时，Unity 会自动生成地形数据，地形数据会随着绘制过程实时更新。查看 "Inspector" 视图，除了基本的 "Transform" 组件外，还有 "Terrain"（地形）组件和 "Terrain Collider"（地形碰撞体）组件，如图 16-1 所示。

图 16-1　地形编辑器默认组件

任务 16.2 了解"Terrain Collider"组件

"Terrain Collider"组件和"Box Collider"组件类似,都是用于体现物理碰撞效果的组件,它能够根据地形数据自动生成碰撞体大小等信息。"Terrain Collider"组件如图 16-2 所示,属性说明见表 16-1。

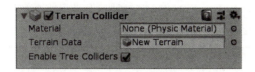

图 16-2 "Terrain Collider"组件

表 16-1 "Terrain Collider"组件属性说明

属性	说明
Material	设置物理碰撞效果
Terrain Data	添加地形数据,默认自动挂载创建时的地形数据
Enable Tree Colliders	设置是否启用树木碰撞体。如果项目没有要求,尽量不勾选此属性,否则 CPU 消耗过大

任务 16.3 利用"Terrain"组件创建地形

"Terrain"组件是用于绘制地形的主要工具,可以说地形的所有绘制操作均在这个组件中完成。"Terrain"组件有 5 个模块,如图 16-3 所示,从左到右依次为:创建相邻地形模块、绘制地形模块、放置树木模块、添加细节模块以及地形基本设置模块。

1. 创建相邻地形模块

选创建相邻地形模块,组件变化如图 16-4 所示。此时,"Scene"视图中地形的四周会出现相同大小的边框,单击任意一个边框表示可以放置并连接一个新的地形。其属性说明见表 16-2。

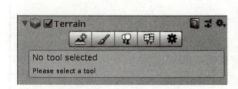

图 16-3 "Terrain"组件

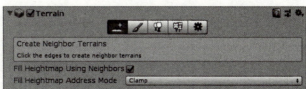

图 16-4 创建相邻地形模块

表 16 – 2　创建相邻地形模块属性说明

属性	说明
Fill Heightmap Using Neighbors	设置是否为相邻的地形填充高度图。高度图就是一张位图，用于描述地形的高低起伏信息
Fill Heightmap Address Mode	设置填充高度图的模式，若勾选"Fill Heightmap Using Neighbors"属性，则此属性被激活，允许对相邻地形间高度图的混合模式进行选择

2. 绘制地形模块

绘制地形模块是绘制基本地形的重要工具。选择绘制地形模块，组件变化如图 16 – 5 所示。在该模块中，主要使用的是笔刷工具（在"Scene"视图中鼠标所指的区域），图 16 – 6 中的红色边框中显示的是笔刷工具属性，属性说明见表 16 – 3。

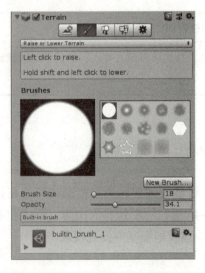

图 16 – 5　绘制地形模块

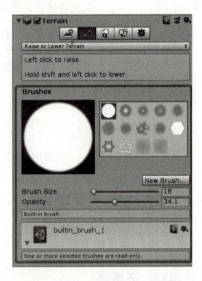

图 16 – 6　笔刷工具属性

表 16 – 3　笔刷工具属性说明

属性	说明
Brushes	选择笔刷样式
New Brush	添加自定义的笔刷样式
Brush Size	设置笔刷的大小，即单击地形表面一次所影响的宽度范围
Opacity	设置笔刷绘制时的高度

基于笔刷工具，地形绘制模块提供了 5 个能够进行绘制的内容，依次为"Raise or Lower Terrain"（地势高低设置）、"Paint Texture"（地貌设置）、"Set Height"（高度设置）、"Smooth Height"（平滑设置）和"Stamp Terrain"（地形标志设置）。这 5 个选项卡的介绍如下。

1) "Raise or Lower Terrain"选项卡

该选项卡是默认选项卡，用于实现地形的高低起伏效果。使用笔刷工具，在"Scene"视图中绘制基本地形，单击鼠标左键绘制起伏的山丘效果；按住 Shift 键并单击鼠标左键绘制低谷效果。"Raise or Lower Terrain"选项卡如图 16-7 所示，该选项卡除了基本的笔刷工具外，没有其他参数设置。

2) "Paint Texture"选项卡

该选项卡用于实现不同的地貌效果，如图 16-8 所示。单击"Edit Terrain Layers"（编辑地貌）按钮添加地貌纹理，如草地、雪或者沙子等，然后使用笔刷工具，在"Scene"视图中通过单击鼠标左键进行绘制。

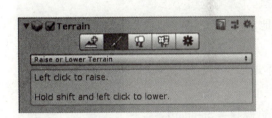

图 16-7 "Raise or Lower Terrain"选项卡

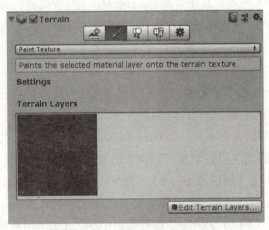

图 16-8 "Paint Texture"选项卡

3) "Set Height"选项卡

该选项卡用于实现地形的平坦效果，如平原、道路或台阶等，如图 16-9 所示，其中"Height"（高度）参数用于设置平坦区域的高度，高于"Height"参数值的地形区域被降低，低于"Height"参数值的地形区域被提高。使用笔刷工具，在"Scene"视图中单击鼠标左键实现。如果单击"Flatten"（夷为平地）按钮，当前整个地形的高度为"Height"参数值。如果勾选"Flatten all"（夷平全部）复选框后单击"Flatten"按钮，则所有地形高度均为"Height"参数值。

4) "Smooth Height"选项卡

该选项卡用于实现地形的平滑效果，比如雨水作用或风化作用之后的平滑地形等，如图

16-10 所示。其中"Blur Direction"（模糊方向）参数用于设置平滑方向，如果参数值设置为 -1，则向外（凸）边平滑过渡；如果参数值设置为 1，则向内（凹）边平滑过渡。建议将参数值设置为 0，均匀地平滑所选区域。该选项卡工具在"Scene"视图中的使用与"Set Height"选项卡工具一样。

图 16-9 "Set Height" 选项卡

图 16-10 "Smooth Height" 选项卡

5）"Stamp Terrain" 选项卡

该选项卡用于快速实现地形效果，将笔刷样式的高度图直接作用在地形上，如图 16-11 所示。其中"Stamp Height"（图章高度）参数用于设置每次鼠标单击时所增加的高度，若勾选"Subtract"（减去）复选框则表示减去的高度。当"Max <--> Add"参数设置为 0 时，"Stamp Height"参数值与当前地形高度进行比较，取较大的高度值作用在地形上；当"Max <--> Add"参数设置为 1 时，"Stamp Height"参数值与当前地形高度进行累加，取两者的和作用在地形上。

图 16-11 "Stamp Terrain" 选项卡

【知识点 16-1】 为虚拟沙盘模型制作基本地形。

具体步骤如下：

（1）从 Unity 资源商店中导入 Unity 的标准资源包"Standard Assets"。

（2）执行"GameObject"→"3D Object"→"Terrain"命令创建地形，在"Project"视图中重命名新生成的地形数据为"MyTerrain"。

（3）使用绘制地形模块的"Raise or Lower Terrain""Set Height""Smooth Height"和"Stamp Terrain"选项卡绘制地形（可以根据自己的想法进行绘制），地形白模如图 16-12 所示。

（4）使用绘制地形模块的"Paint Texture"选项卡绘制地形地貌。执行"Edit Terrain Layers"→"Create Layer"命令打开"Select Texture2D"视图，搜索"GrassHillAlbedp"，添加该纹理，添加地貌效果如图 16-13 所示。

（5）选择"GrassHillAlbedp"纹理，单击"Open"按钮，设置"Size"参数的"X"为 0.06，"Y"为 0.06，展开纹理，使纹理更加清晰，如图 16-14 所示。

（6）重复步骤（4）和步骤（5），添加名为"GrassRockyAlbedo"的地貌纹理，完善地貌效果如图 16-15 所示。

单元16 制作虚拟沙盘模型

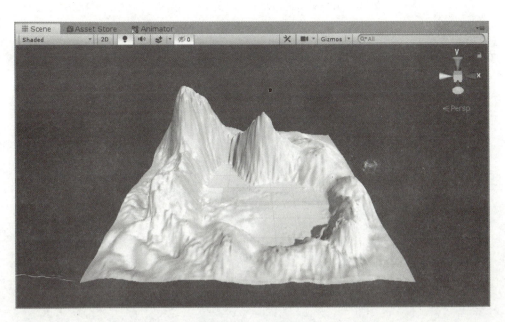

图 16-12 地形白模

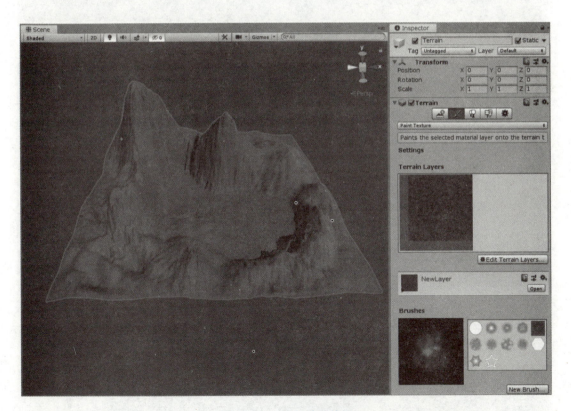

图 16-13 添加地貌效果

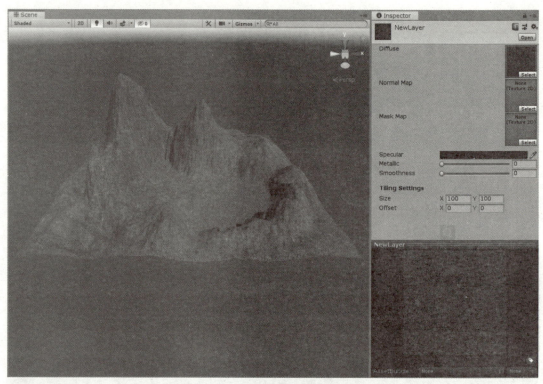

图 16-14 展开纹理

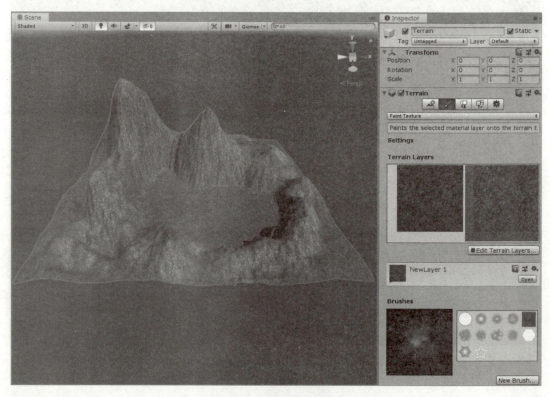

图 16-15 完善地貌效果

【知识点 16－2】 为虚拟沙盘模型的地形添加湖泊。

具体步骤如下：

在"Project"视图中搜索"WaterBasicNightime"，"WaterBasicNightime"是一个水源预制体。将该预制体拖至场景中，并放置于图 16－16 所示的位置。

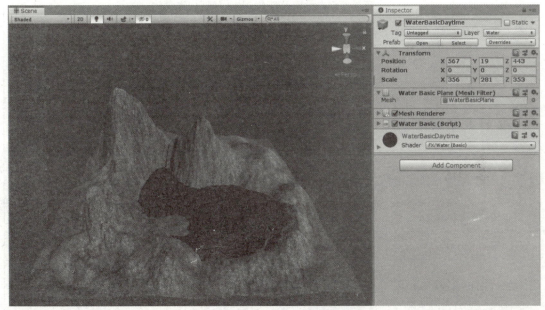

图 16－16 放置水源预制体

3. 放置树木模块

放置树木模块用于快速搭建地表物体，如树木、灌木丛等，Unity 对该模块进行了优化，使远处的树木也保持良好的渲染效果。选择需要放置的树木类型，单击地表即可添加树木。选择放置树木模块，组件变化如图 16－17 所示。其属性说明见表 16－4。

【知识点 16－3】 为虚拟沙盘模型的地形添加树木。

具体步骤如下：

使用放置树木模块，执行"Edit Trees"→"Add Tree"命令，在弹出的"Add Tree"界面中单击圆点，在弹出的"Select GameObject"界面中搜索"Broadleaf_Desktop"预制体并双击，之后单击"Add"按钮。重复以上步骤，添加"Broadleaf_Mobile"和"Conifer_Desktop"预制体。选择想要添加的树木，合理放置在场景中，如图 16－18 所示。

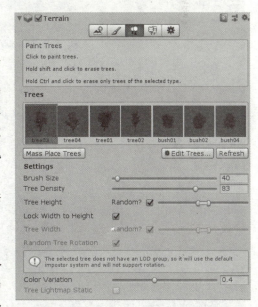

图 16－17 放置树木模块

表 16-4　放置树木模块属性说明

属性	说明
Edit Trees	添加、编辑或删除现有树木模型
Mass Place Trees	在场景中大量放置树木，用于快速构建森林
Tree Density	设置在笔刷尺寸范围内树木的密度
Tree Height	设置树木的高度。高度值可以随机产生，也可以是固定值，通过是否勾选"Random"（随机）复选框实现
Lock Width to Height	锁定宽度和高度，在默认情况下，树的宽度是随高度变化的。如果不勾选此属性，则可以设置宽度
Tree Width	设置树木的宽度。宽度值可以随机产生，也可以是固定值，通过是否勾选"Random"复选框实现
Random Tree Rotation	随机设置树木的旋转角度
Color Variation	随机设置树木的颜色变化
Tree Lightmap Static	树木的静态光照贴图。勾选此属性表示树木的位置是固定的，且参与全局光照的计算

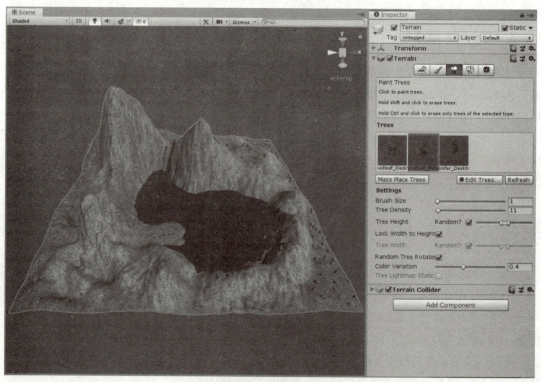

图 16-18　添加树木

4. 添加细节模块

添加细节模块用于快速搭建地表物体，如草丛、花朵和岩石等，Unity 对该模块也进行了优化，使场景运行流畅。选择需要放置的细节类型，单击地表即可添加细节。选择添加细节模块，组件变化如图 16-19 所示。

单击"Edit Details"（编辑细节）按钮，可以选择"Add Grass Texture"（添加草地纹理）或"Add Detail Mesh"（添加细节网格）选项。图 16-20 所示为"Add Detail Mesh"选项界面，其参数说明如表 16-5 所示。"Add Grass Texture"选项界面和参数说明均与"Add Detail Mesh"选项类似。

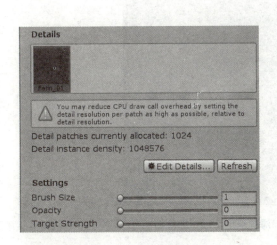

图 16-19 添加细节模块

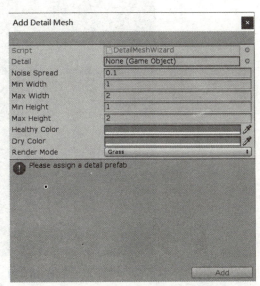

图 16-20 "Add Detail Mesh"选项界面

表 16-5 "Add Detail Mesh"选项参数说明

属性	说明
Detail	选择需要添加的细节对象的预制体
Noise Spread	设置"Healthy Color"参数和"Dry Color"参数的作用范围
Min Width	设置细节对象的最小宽度
Max Width	设置细节对象的最大宽度
Min Height	设置细节对象的最小高度
Max Height	设置细节对象的最大高度
Healthy Color	设置细节对象在"健康"（Healthy）状态下的颜色，如草在"健康"状态下是绿色的
Dry Color	设置细节对象在"干枯"（Dry）状态下的颜色，如草在"干枯"状态下偏黄色
Render Mode	选择细节对象的渲染模式："Vertex Lit"（顶点光照）模式和"Grass"（草地）模式

【知识点 16-4】 为虚拟沙盘模型的地形添加草地。

具体步骤如下：

使用添加细节模块，执行"Edit Details"→"Add Grass Texture"命令，在弹出的"Add Grass Texture"界面中单击圆点，在弹出的"Select Texture2D"界面中搜索"GrassFrond02AlbedoAlpha"纹理并双击，之后单击"Add"按钮。使用笔刷工具，合理绘制草地效果，如图 16-21 所示。

图 16-21 添加草地

5. 地形基本设置模块

地形基本设置模块可以为细节对象添加风力作用，还可以获取地形数据并对其进行修改，最重要的是它能够对地形和细节对象进行渲染优化，高效地减少性能开销。选择地形基本设置模块，组件内出现了 6 个可进行操作的选项。

1）"Basic Terrain"（基本地形）选项

该选项能够优化地形，减少不必要的渲染，其中"Pixel Error"（像素误差）参数可以设置贴图与地形之间的误差程度，值越大误差越大，但开销越小；"Cast Shadows"（投射阴影）参数可以选择地形的投影方式，对于平坦地形可以设置为"Off"（关闭）以减少开销，如图 16-22 所示。

图 16-22 "Basic Terrain"选项

2)"Tree & Detail Objects"(树木与细节对象)选项

该选项能够合理地设置树木和细节对象的渲染程度以减少不必要的开销。比如"Detail Distance"(细节距离)参数用于将(从相机出发)距离大于参数值的细节对象剔除;"Detail Density"(细节密度)参数用于给定单位面积内细节对象的数量,值越小开销越少,如图 16-23 所示。

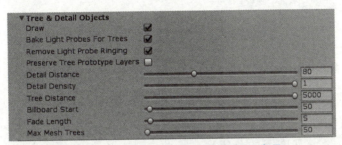

图 16-23 "Tree & Detail Objects"选项

3)"Physics"(物理)和"Wind Settings for Grass"(草丛风力设置)选项

"Physics"选项用于设置地形碰撞体的厚度,防止高速移动的对象穿过地形,避免使用高开销的连续碰撞检测。"Wind Settings for Grass"选项用于为草地添加风力作用。两者参数内容如图 16-24 所示,"Wind Settings for Grass"选项参数说明见表 16-6。

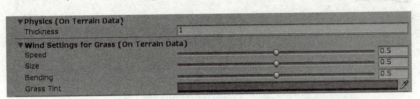

图 16-24 "Physics"和"Wind Settings for Grass"选项

表 16-6 "Wind Settings for Grass"选项参数说明

参数	说明
Speed	设置风吹过草地的速度
Size	设置风吹过草地时产生的波浪
Bending	设置风吹过草地的程度
Grass Tint	设置应用于草地的整体色调

4)"Mesh Resolutions"(网格分辨率)选项

该选项用于设置地形网格的分辨率,如长度、宽度和高度等信息。将"Scene"视图切换成"Shaded Wireframe"模式比较容易看到参数变化的影响。"Mesh Resolutions"选项如图 16-25 所示。

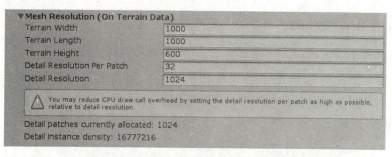

图 16-25 "Mesh Resolutions" 选项

5) "Texture Resolutions"（纹理分辨率）选项

该选项用于设置不同纹理的分辨率，如"Base Texture Resolution"（基本贴图分辨率）参数可以用于设置相机从上往下看时的混合纹理的分辨率；"Heightmap Resolution"（高度图分辨率）参数可以设置高度图的分辨率。除此之外，该选项允许为地形添加静态光照。"Texture Resolutions"选项如图 16-26 所示。

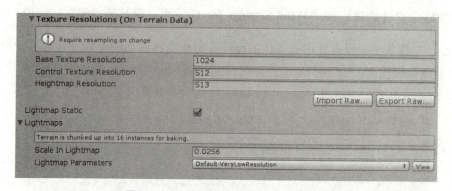

图 16-26 "Texture Resolutions" 选项

知识拓展

"Wind Zone"（风区）组件

风区能作用于场景中的树木对象，使树木的树叶呈现随风摇摆的效果。执行"GameObject"→"3D Object"→"Wind Zone"命令创建"Wind Zone"组件，在"Inspector"视图中查看其属性，如图 16-27 所示，属性说明见表 16-7。

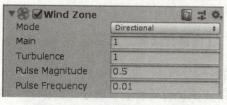

图 16-27 "Wind Zone" 组件

表 16-7 "Wind Zone" 组件属性说明

属性	说明
Mode	选择风区作用模式："Spherical"（球状）或 "Directional"（定向）。前者表示风区只在球体范围内有效，并从中心到边缘衰减；后者表示风区影响整个场景，并作用在一个方向上
Radius	球状风区半径（"Mode" 属性为 "Spherical" 时有效）
Main	设置主风力，用于产生一个柔和变化的风压
Turbulence	设置湍流的风力，用于产生快速变化的风压
Pulse Magnitude	定义风随时间的变化量
Pulse Frequency	定义风的频率变化

【知识点 16-5】 为虚拟沙盘模型的地形添加风力作用。

具体步骤如下：

执行 "GameObject" → "3D Object" → "Wind Zone" 命令创建 "Wind Zone" 组件，其属性保留默认值即可，运行场景，效果如图 16-28 所示。

图 16-28 添加风力作用

单元小结

本单元通过实际制作一个简易的地形介绍了 Unity 地形系统的常用工具。常接触游戏的读者不难发现许多经典的作品中都会出现类似 Unity 地形的内容,由此会产生疑问:为什么本单元创建的地形与游戏中的地形差距如此之大?

其实不妨换个角度来看,经典的作品背后有优秀的制作团队,在长达数年的时间中不断对作品进行打磨,从故事背景、原画设计到内容制作,并不是一气呵成的,往往需要不断返工、调整,甚至重做。地形虽然只是表现的其中一个模块,却会涉及关于地形纹理的设计(最简单的是分辨率设计,使地形纹理表现更佳)、植被的素材制作等,还有诸如灯光、雾气、音频等场景烘托的内容。

本书旨在介绍工具使用方法的同时,让读者思考如何利用工具实现自己想要的内容,但切忌好高骛远。

思考与练习

简述地形编辑器基础功能的实际作用。

实　　训

1. 使用地形编辑器制作自己喜欢的地形,如沙漠地形、高原地形、沼泽地地形等。
2. 将制作完成的地形制作为预制体,并增加相关的 UI 进行交互:
(1) 通过 UI 交互控制地形的缩放;
(2) 通过 UI 交互控制地形的旋转。

单元 17

制作虚拟镜框

学习目标

（1）了解 Unity 中的渲染工具及其工作流程；
（2）掌握 Unity 中渲染工具的使用方法；
（3）掌握 Unity 提供的标准材质球的使用方法。

任务描述

本单元详细介绍 Unity 的 3 个渲染工具以及它们之间的联系，同时在此基础上为室内场景添加装饰物——虚拟镜框。制作虚拟镜框需要先创建一个平面对象，并为其创建一个材质，再为材质指定所使用的着色器（Shader）；然后为这个着色器添加实现镜面效果的纹理，这里使用的是特殊纹理——渲染纹理，使用渲染纹理需要配置一个相机；最后任意创建一个"3D Object"对象放置在镜子前，运行场景，查看效果。

任务 17.1　了解渲染工具

Unity 中经常使用的渲染工具有材质、着色器和纹理，其中材质用于指定使用哪个着色器，而被指定的着色器提供了许多不同类型的变量。

可以简单理解为材质相当于一个控制器，着色器相当于一个计算器，纹理相当于一个存储器，材质（控制器）通过指定着色器（计算器）为其工作，而着色器（计算器）则利用纹理（存储器）中存储的数据进行计算，那么为物体添加材质（控制器）就相当于为物体添加"变装器"，使物体可以随意更换"衣服"。

任务 17.2　创建并使用材质球

材质，又称为材质球，它决定了物体表面如何进行渲染。一般在创建 3D 对象的时候都会有一个默认的材质球（Default - Material），它的作用是便于观察新创建的 3D 对象，因此默认的材质球是不能进行配置的。

执行"Assets"→"Create"→"Material"命令创建材质球，查看其"Inspector"视

图。在默认情况下,新创建的材质称为标准材质,即材质指定的着色器为标准着色器,如图 17-1 所示。材质的使用可以通过直接将其拖到对象身上实现,并且可以在对象的"Inspector"视图中修改材质。

图 17-1 标准材质

【知识点 17-1】 为虚拟镜框模型创建材质球。

具体步骤如下:

(1)执行"GameObject"→"3D Object"→"Plane"命令创建一个"Plane"对象作为镜面,重命名"Plane"对象为"MirrorPlane",并移动"MirrorPlane"对象至图 17-2 所示位置。

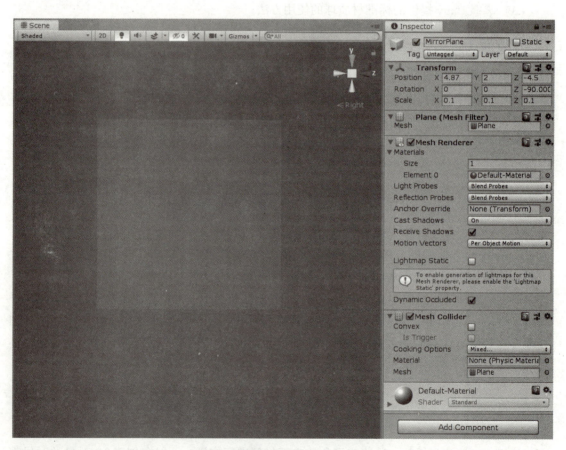

图 17-2 创建"MirrorPlane"对象

(2)执行"Assets"→"Create"→"Material"命令创建材质球,重命名材质球为"MirrorMaterial",并将其拖至"MirrorPlane"对象身上,添加成功后如图 17-3 所示。

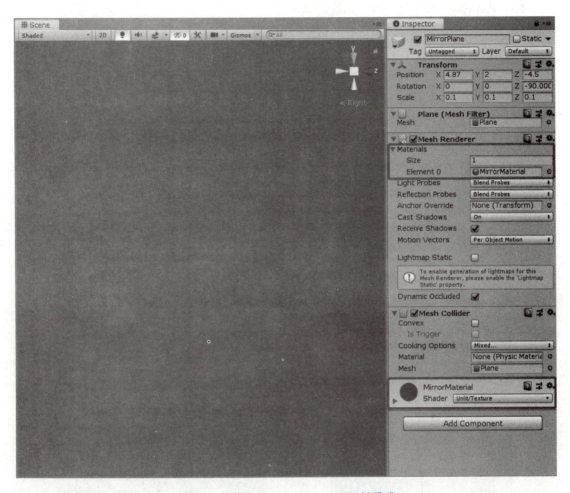

图 17-3 添加"MirrorMaterial"材质球

任务 17.3　指定着色器

着色器是一个脚本文件，该脚本文件基于灯光输入和材质配置对每个像素的颜色渲染进行数学和算法计算。开发者可以根据物体的不同材质需求编写着色器文件，为物体添加更加贴切与逼真的外表效果。执行"Assets"→"Create"→"Shader"→"Standard Surface Shader"命令创建标准着色器。另外，Unity 也提供了许多内置的着色器供开发者使用与借鉴，如图 17-4 所示。

主要的着色器如下：

（1）FX：用于实现灯光和玻璃效果；

（2）Mobile：用于简化移动设备的某些高性能着色器；

（3）Nature：用于地形或树木的着色器设置；

（4）UI 和 GUI：用于用户图形界面设计；

（5）Particles：用于制作粒子系统的效果；

（6）Skybox：用于制作所有物体的背景（环境）；

（7）Sprites：对应3D对象使用的纹理，一般用于2D界面（UI）；

（8）Unlit：用于避开所有灯光和阴影进行渲染；

（9）Standard：默认标准着色器，使用非常广泛；

（10）Legacy Shaders：为了兼容版本所保留的旧的着色器。

下面介绍标准着色器。

标准着色器下所有的纹理值均为空，开发者可以根据需要添加。标准着色器的主要属性如下：

（1）"Rendering Mode"属性用于设置渲染模式，一共有以下4种，如图17-5所示。

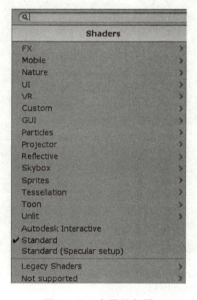
图17-4 内置着色器

图17-5 "Rendering Mode"属性

① "Opaque"（不透明）模式是默认模式，适用于没有透明区域的实体对象。

② "Cutout"（裁剪）模式允许创建透明效果，但只能是100%透明或者不透明，适用于制作树叶和破洞的布等。

③ "Fade"（隐现）模式下高光和反射会随透明度的变化而变化，适用于实现物体的渐隐和渐现。

④ "Transparent"（透明）模式用于创建透明物体，并且高光和反射也完全透明，适用于制作玻璃和透明塑料。

（2）"Albedo"属性用于控制物体表面的基本色彩，如图17-6所示。

单击取样器旁边的调色板，可以设置材质的颜色以及透明度，这种方法对于设置单一的颜色比较方便，但是较为常见的使用方式是添加纹理图，通过纹理图能映射出多种混合颜色以及细节。添加纹理图的做法是单击属性名前面的圆圈，或者直接将纹理拖至圆圈前面的灰色框中。

（3）"Metallic"属性用于反映物体的金属化程度，如图17-7所示。

（4）"Smoothness"属性用于反映物体的表面平滑程度，如图17-7所示。

图17-6 "Albedo"属性

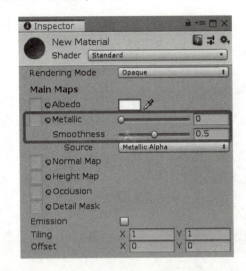

图17-7 "Metallic"属性与"Smoothness"属性

"Metallic"属性和"Smoothness"属性均可以通过滑动进度条设置属性值或者直接输入属性值。"Metallic"属性值越大，金属化程度越高，对环境的反射程度越大。该属性一般配合"Smoothness"属性使用，与现实世界的金属物体类似，金属化程度高的物体，平滑度也应该设置为高，如果平滑度设置过低会呈现柔面效果。

（5）法线图（Normal Map）是凹凸贴图的一种。它是一种特殊的纹理，可以为物体添加表面细节，如凹凸、沟槽和划痕等。"Normal Map"属性如图17-8所示。

（6）高度图（Height Map）常与法线图一起使用，用于为纹理添加更多的渲染信息，如为一些平面增加突起效果。高度图的技术比较复杂，效果比法线图好，但是消耗也比法线图大。"Height Map"属性如图17-8所示。

（7）遮挡图（Occlusion）能够记录模型的间接光信息。间接光主要指场景中的光源照明或反射，其数据用一个灰度图表示，白色表示接受完全间接光照射的区域，黑色表示没有间接光照射。"Occlusion"属性如图17-9所示。

（8）"Emission"（自发光）属性用于制作物体表面的自发光效果，如太阳、黑夜中怪物的眼睛和控制视图的发光按钮等。其中"Color"（颜色）选项能够设置光的颜色。"Global Illumination"（全局光照）选项用于指定自发光对象发出的光是否对附近对象产生影响。"Emission"属性如图17-9所示。

【知识点17-2】为虚拟镜框模型指定着色器。

具体步骤如下：

选择"Project"视图中的"MirrorMaterial"材质球，在"Inspector"视图中执行"Shader"→"Unlit"→"Texture"命令指定其着色器为"Texture"类型，如图17-10所示。

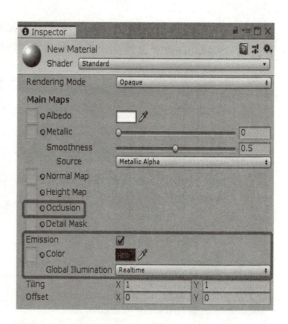

图 17 – 8 "Normal Map" 属性和 "Height Map" 属性

图 17 – 9 "Occlusion" 属性和 "Emission" 属性

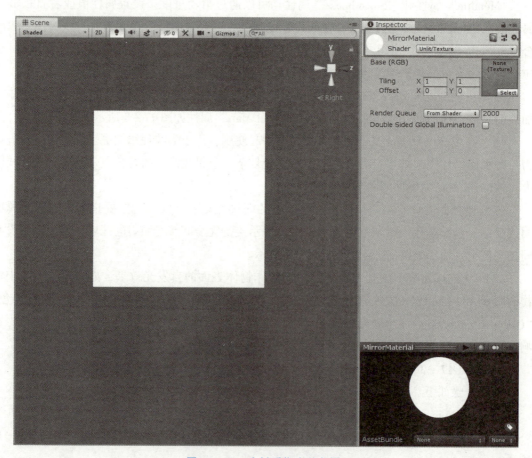

图 17 – 10 为材质指定着色器

任务 17.4　添加渲染纹理图

纹理实质是一张位图，它除了记录物体表面的基本颜色（反照率）信息外，还记录了平滑程度和金属化程度等信息。

在本单元中需要使用的是渲染纹理（Render Texture），执行"Assets"→"Create"→"Render Texture"命令可以创建渲染纹理，渲染纹理是特殊类型的纹理。使用渲染纹理需要指定一个相机渲染它。在 Unity 的标准资源包中，水的预制体就是使用渲染纹理进行实时反射和折射的。渲染纹理属性如图 17-11 所示，主要属性说明见表 17-1。

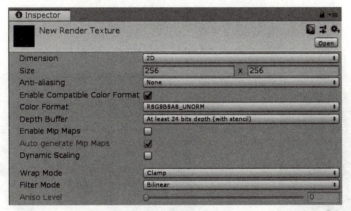

图 17-11　渲染纹理属性

表 17-1　渲染纹理主要属性说明

属性	说明
Dimension	选择维度（类型），有"2D"（二维贴图）、"3D"（三维贴图）和"Cube"（立方体贴图）3 种模式可以选择
Size	设置渲染纹理的像素大小。只能输入 2 的 n 次幂，如 128 和 256
Color Format	设置渲染纹理的颜色格式
Dynamic Scaling	设置是否动态调整渲染纹理的大小

【知识点 17-3】　为虚拟镜框模型添加渲染纹理。

具体步骤如下：

（1）执行"Assets"→"Create"→"Render Texture"命令创建渲染纹理，重命名渲染纹理为"PlaneTexture"，如图 17-12 所示。

（2）执行"GameObject"→"Camera"命令创建相机，重命名相机为"MirrorCamera"，并将相机移至图 17-13 所示的位置。设置"Target Texture"属性为上一步创建的"PlaneTexture"，为该渲染纹理添加一个相机以渲染它。这里可以适当的调整"Field of View"属性，使相机视角即镜面视角。

图 17-12 添加"PlaneTexture"渲染纹理

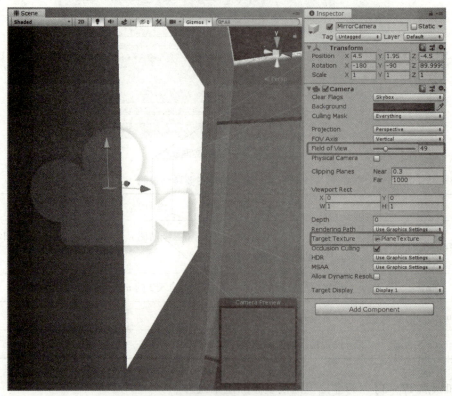

图 17-13 为"PlaneTexture"渲染纹理添加相机

（3）选择"Project"视图中的"MirrorMaterial"材质球，将"PlaneTexture"渲染纹理添加到"Inspector"视图中的灰色方框中，如图 17-14 所示，并设置"Tiling"属性的"X"为 -1，"Y"为 1；"Offset"属性的"X"为 1，"Y"为 0，这样做的目的是模拟现实中的镜像效果，若没有这样设置，相机只是起到投影的作用，不会镜像投射物体。

（4）执行"GameObject"→"3D Object"→"Sphere"命令创建一个球体，该球体只用于验证效果，验证完毕即可删除。运行场景，效果如图 17-15 所示。

单元17 制作虚拟镜框

图 17-14 设置镜像效果

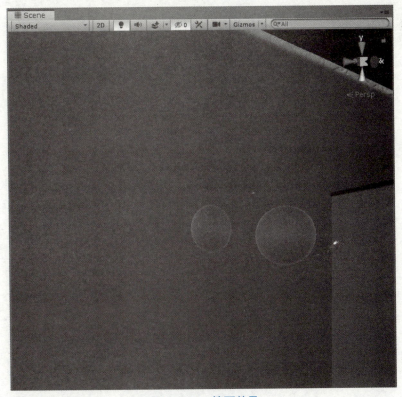

图 17-15 镜面效果

单元小结

本单元着重介绍了 Unity 材质的相关内容，对材质、着色器以及纹理之间的关系进行了梳理，以使读者更好地区分它们。本单元不涉及编写着色器的内容，本书在此更希望读者首先了解 Unity 提供的标准着色器的使用方法以及同一材质中不同纹理的实际作用。

思考与练习

1. 简述材质、着色器、纹理以及渲染纹理之间的关系。
2. 假设给予了场景中椅子模型的材质文件，简述为其创建并添加材质的工作流程。
3. 为什么需要为渲染纹理添加相机？
4. 利用本单元所学内容为场景添加镜子。

实　　训

1. 利用本书提供资源，为场景模型替换材质。
2. 制作可交互 UI，提供可视化的材质预览，并且交互后可实时替换场景模型材质。

单元 18

粒子系统

学习目标

（1）了解 Unity 中的粒子系统及其作用；
（2）了解 Unity 中的粒子编辑器；
（3）掌握 Unity 粒子编辑器主要模块的使用方法。

任务描述

本单元通过创建 Unity 中的粒子特效介绍粒子系统，主要介绍粒子系统组件中各个模块的作用，包括基本模块、发射（"Emission"）模块、形状（"Shape"）模块、速度生命周期（"Velocity ver Lifetime"）模块、速度生命周期限制（"Limit Velocity over Lifetime"）模块、继承速度（"Inherent Velocity"）模块、力生命周期（"Force over Lifetime"）模块、外力（"External Forces"）模块、碰撞（"Collision"）模块、子发射器（"Sub Emitters"）模块、渲染器（"Renderer"）模块等。

任务 18.1 粒子系统概述

粒子系统又称为粒子发射器，是 Unity 中用于制作特效的工具，使用粒子系统可以制作雨、雪、火等自然特效，同时也可以制作游戏中的攻击特效，如魔法阵特效等。

粒子是简单的图像或网格物体，Unity 设置了粒子系统用于整体控制每个粒子的显示与移动，从而呈现需要的粒子特效。比如使用粒子系统制作倾盆大雨，其中雨滴为粒子，通过粒子系统增加雨滴的数量、体积以及下落速度从而达到"倾盆大雨"的效果。

每个粒子都是有"寿命"的，称为粒子的生命周期。粒子系统可以设置粒子的生命周期长度以及开始时间，在生命周期内粒子的状态是可变的，但是当粒子的生命周期结束时，粒子就会被粒子系统删除。

每个粒子在生命周期内都有一个速度向量，该向量确定粒子在每一帧更新时移动的方向和距离，速度向量可以通过粒子系统本身施加的力和重力来改变，也可以通过外部的风力作用来改变。

每个粒子的颜色、大小和旋转度也可以在其生命周期内随着时间或速度成比例地变化。粒子颜色包括透明度（Alpha），因此可以根据需要修改粒子的透明度。

粒子系统可以整体设置粒子的生命周期、受力情况、速度、大小、颜色、旋转状态等，从而呈现不同的形态与特效。

由于在粒子系统的作用下，所有粒子形成一个整体，因此常将粒子系统作为一个对象理解，称为粒子系统对象或简称为粒子对象。

任务 18.2 粒子系统的创建以及"Particle Effect"视图

Unity 中粒子系统的创建有表 18-1 所示的 4 种方式。

表 18-1 创建粒子系统的方式

在"Hierarchy"视图中添加一个粒子系统	在菜单栏： 执行"GameObject"→"Effects"→"Particle System"命令
将粒子系统作为组件添加到现有游戏对象	在菜单栏： 执行"Component"→"Effects"→"Particle System"命令
在"Hierarchy"视图中创建粒子系统	在"Hierarchy"视图中单击鼠标右键： 执行"Create"→"Effects"→"Particle System"命令
在"Inspector"视图中创建粒子系统	在"Inspector"视图中： 执行"AddComponent"→"Effects"→"Particle System"命令

创建成功后，可以看到初始的粒子系统如图 18-1，其中白色的颗粒状物体即粒子，如图 18-2 所示。

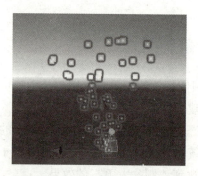

图 18-1 初始的粒子系统

图 18-2 粒子

选择粒子系统，可以在"Scene"视图的右下角看到"Particle Effect"视图（图 18-3），该视图反映了当前选中的粒子系统的基本属性。"Particle Effect"视图表示的是一个或多个粒子系统所组成的耦合的视觉特效。

"Particle Effect"视图的 3 个按钮可用于暂停（Pause）、重新开始（Restart）和停止（Stop）粒子系统的状态。

"Particle Effect"视图属性说明见表 18-2。

图 18-3 "Particle Effect"视图

表 18－2 "Particle Effect" 视图属性说明

属性	说明
Playback Speed	设置播放速度，加快或减慢粒子
Playback Time	设置播放时间，表示自系统启动后经过的时间，这可能比实时更快或更慢，具体取决于播放速度
Particles	设置粒子的个数
Speed Range	设置粒子的速度
Simulate Layers	选择模拟播放的层，可以模拟属于这个层的所有粒子系统
Resimulate	重模拟，勾选该属性后，"Particle Effect" 视图可以立即响应粒子系统所作的更改
Show Bounds	显示边界，勾选该属性可以显示这个粒子系统的边界
Show Only Selected	仅显示选中的粒子系统的属性

任务 18.3　粒子系统组件

粒子系统组件（图 18－4）由很多个模块组成，其中有 3 个模块（粒子系统基本模块、发射模块、形状模块）用于整体修改粒子系统（粒子发射器）的属性，除这 3 个模块外，其他模块都用于修改单个粒子的属性。可以通过单击图 18－4 右侧的 "＋" 号添加所需模块。

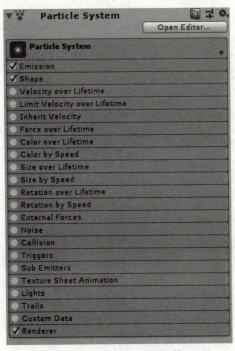

图 18－4　粒子系统组件

1. 粒子系统基本模块

粒子系统基本模块如图18-5所示，其属性说明见表18-3。

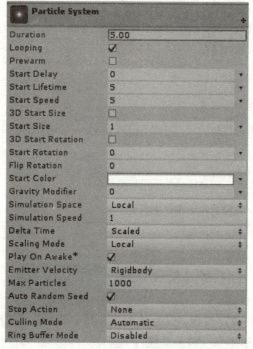

图18-5 粒子系统基本模块

表18-3 粒子系统基本模块属性说明

属性	说明
Duration	设置持续时间，即粒子系统运行一个周期持续发射的时间
Looping	设置是否循环发射粒子
Star Delay	设置启动后延迟时间，即启动粒子系统后，延迟多久才发射粒子
Star Lifetime	设置初始生命周期，即一个周期内粒子可以存活多久
Star Speed	设置初始速度
Star Size	设置初始大小
Star Rotation	设置初始旋转
Star Color	设置初始颜色
Gravity Modifier	设置重力大小
Simulation Space	模拟空间（"Local"或"World"，若选择"World"，已经生成的粒子会保持其原本的所有属性不变；若选择"Local"，粒子会生硬地随粒子发射器的变化而变化

续表

属性	说明
Simulation Speed	模拟速度
Scaling Mode	设置形状模式
Play On Awake	设置是否在游戏启动时启用粒子系统
Max Particles	设置最大的粒子数

2. 发射模块

发射模块如图18-6所示，其属性说明见表18-4。

表18-4 发射模块属性说明

属性	说明
Rate over Time	设置单位时间内发射的粒子数
Rate over Distance	设置每移动单位距离所发射的粒子数
Bursts	在指定时间内发散一次粒子数为Count、圆周为Cycles、粒子间距为Interval的粒子群

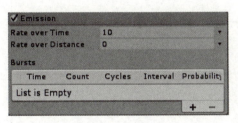

图18-6 发射模块

3. 形状模块

形状模块（图18-7）主要决定粒子发射器的形状，通过该模块可以对粒子发射器形状的角度、半径、位置、大小等进行设置，其可设置的发射形状见表18-5。

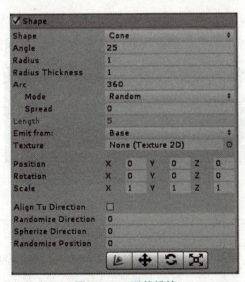

图18-7 形状模块

表 18-5 形状模块可设置的发射形状

选项	说明
Sphere	圆形
Hemisphere	半圆形
Cone	圆锥形
Donut	甜甜圈形
Box	盒子形
Mesh	网格
Mesh Renderer	网格渲染
Skinned Mesh Renderer	蒙皮网格渲染（这3个与网格相关的形状类似直线或点）
Sprite	精灵，纹理图片
Sprite Renderer	精灵渲染
Circle	圆周
Edge	边缘
Rectangle	矩形

注意：
以上3个模块是控制粒子发射器的，以后所有模块所控制的都是粒子本身。

4. 速度生命周期模块

粒子速度在生命周期中随着时间逐渐变化，这里所说的速度是向量，包括大小和方向，负值表示反方向的速度。速度生命周期模块如图18-8所示，其属性说明见表18-6。

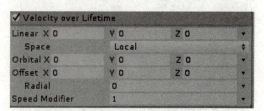

图 18-8 速度生命周期模块

表 18-6 速度生命周期模块属性说明

属性	说明
Linear X, Y, Z	设置粒子在 X，Y 和 Z 轴上的线速度
Space	指定 X，Y，Z 轴是局部空间还是世界空间

属性	说明
Orbital X，Y，Z	设置围绕 X，Y，Z 轴的粒子的轨道速度
Offset X，Y，Z	设置绕粒子运动的轨道中心的位置
Radial	设置远离或朝向中心位置的粒子的径向速度
Speed Modifier	将乘数应用于粒子沿其当前方向行进的速度

5. 速度生命周期限制模块

在粒子的整个生命周期中，当粒子速度过快时可以通过速度生命周期限制模块对它们进行降速，以降低整体的速度，也可以分别降低粒子在 X、Y、Z 轴上的速度。该模块用于模拟使粒子速度变慢的空气阻力。速度生命周期限制模块如图 18-9 所示，其属性说明见表 18-7。

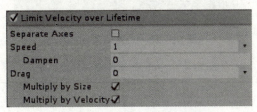

图 18-9　速度生命周期限制模块

表 18-7　速度生命周期限制模块属性说明

属性	说明
Separate Axes	将整体拆分为单独的 X、Y 和 Z 分量
Speed	设置粒子速度的上限
Dampen	阻尼，规定粒子在到达速度上限之后受到的阻力效果
Drag	将线性阻力应用于粒子速度
Multiply by Size	勾选后，阻力系数对较大的粒子影响较大
Multiply by Velocity	勾选后，阻力系数对运动较快的粒子影响较大

6. 继承速度模块

继承速度模块表示粒子会继承粒子发射器的速度，该模块常用于在移动物体上发射粒子，如在沙漠赛车游戏中车轮两侧的沙子特效。只有在粒子系统基本模块中将"Simulation Space"属性设置为"World"该属性才能生效。继承速度模块如图 18-10 所示，其属性说明见表 18-8。

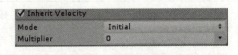

图 18-10　继承速度模块

表18-8 继承速度模块属性说明

属性	说明
Mode	将粒子发射器速度应用于粒子的模式： （1）Current：粒子发射器的当前速度将应用于每个帧上的所有粒子； （2）Initial：每个粒子诞生时，粒子发射器的速度被应用一次
Multiplier	设置粒子继承的粒子发射器速度的乘数比例

7. 力生命周期模块

力生命周期模块主要用于在粒子生命周期内通过施加力来加速粒子，如图18-11所示，其属性说明见表18-9。

图18-11 力生命周期模块

表18-9 力生命周期模块属性说明

属性	说明
X, Y, Z	设置在X、Y和Z轴上施加到粒子的力
Space	选择是在局部空间（"Local"）还是在世界空间（"World"）中施加力
Randomize	当使用"Two Constants"（两个常数）或"Two Curves"（两个曲线）模式时，将导致粒子在定义范围内的每帧上重新获取力的方向，使粒子运动更动荡、更不稳定

8. 外力模块

外力主要是指风力。外力模块如图18-12所示，其属性说明见表18-10。

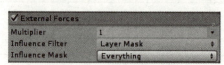

图18-12 外力模块

表18-10 外力模块属性说明

属性	说明
Multiplier	乘数，按比例施加力
Influence Filter	选择是否包括基于图层蒙版（"Layer Mask"）的力场
Influence Mask	使用图层蒙版来确定哪些力场会影响此粒子系统

9. 碰撞模块

给粒子添加碰撞模块，类似于给3D对象添加碰撞体。碰撞模块用于使粒子与其他物体发生碰撞。若没有需要不建议使用该模块，因为碰撞模块非常消耗资源。碰撞模块分为两种模式：

（1）"Planes Collision"模式：平面碰撞，即设置粒子与选定的平面发生碰撞；

（2）"World Collision"模式：世界碰撞，即粒子可以与整个环境进行碰撞。

碰撞模块"Planes Collision"模式如图18-13所示，其属性说明见表18-11；碰撞模块"World Collision"模式如图18-14所示，其属性说明见表18-12。

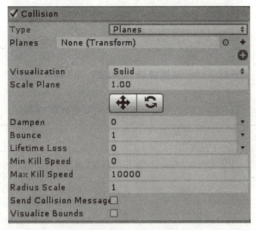

图18-13 碰撞模块"Planes Collision"模式

表18-11 "Planes Collision"属性说明

属性	说明
Type	选择"Plane Collision"模式
Planes	定义碰撞平面的可扩展变形列表
Visualization	选择是否将碰撞平面标在"Scene"视图中的线框网格或实体平面
Scale Plane	设置可视化的平面的大小
Dampen	设置阻尼，即碰撞后失去粒子速度的一部分
Bounce	设置弹跳，即碰撞后粒子从表面反弹的速度
Lifetime Loss	设置生命周期损失，如果碰撞，则损失粒子总寿命的一部分
Min Kill Speed	设置最小杀死粒子速度，碰撞后以该速度将粒子从系统中移除
Max Kill Speed	设置最大杀死粒子速度，碰撞后以该速度将粒子从系统中移除
Radius Scale	调整粒子碰撞球的半径，使其更适合粒子图形的视觉边缘
Send Collision Messages	发送碰撞信息，如果勾选此属性，则可以从脚本中检测到粒子碰撞的OnParticleCollision()函数
Visualize Bounds	在"Scene"视图中将每个粒子的碰撞边界显示出来

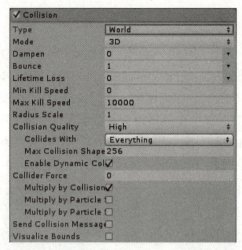

图 18-14 碰撞模块"World Collision"模式

表 18-12 "World Collision"模式属性说明

属性	说明
Type	选择"World Collision"模式
Mode	为"3D"或"2D"
Dampen	设置阻尼,即碰撞后失去的粒子速度的一部分
Bounce	设置弹跳,即碰撞后粒子从表面反弹的速度
Lifetime Loss	设置生命周期损失,如果碰撞,则损失粒子总寿命的一部分
Min Kill Speed	设置最小杀死粒子速度,碰撞后以该速度将粒子从系统中移除
Max Kill Speed	设置最大杀死粒子速度,碰撞后以该速度将粒子从系统中移除
Radius Scale	调整粒子碰撞球的半径,使其更适合粒子图形的视觉边缘
Collision Quality	设置碰撞质量,有高、中、低 3 种质量,质量越高越消耗资源,但碰撞精准度也越高
Collides With	使粒子只与选定图层上的对象碰撞
Max Collision Shapes	设置粒子碰撞可以考虑的最大的碰撞形状
Enable Dynamic Colliders	允许粒子也与动态对象碰撞(否则仅使用静态对象)
Collider Force	使粒子碰撞后发生物理现象,即有力的作用
Multiply by Collision Angle	向碰撞到的物体施加力时,根据粒子与碰撞到的物体之间的碰撞角度来缩放作用力的强度
Multiply by Particle Speed	向碰撞到的物体施加力时,根据粒子的速度缩放作用力的强度

续表

属性	说明
Multiply by Particle Size	向碰撞到的物体施加力时，根据粒子的大小缩放力的强度
Send Collision Messages	发送碰撞信息，如果勾选此选项，则可以从脚本中检测到粒子碰撞的 OnParticleCollision( )函数
Visualize Bounds	在"Scene"视图中将每个粒子的碰撞边界显示出来

10. 子发射器模块

子发射器模块可以根据粒子在生命周期内发生的某些事件来创建额外的粒子发射器，一般有3种事件：粒子诞生、粒子碰撞、粒子死亡。子发射器可以继承原粒子的颜色、大小、旋转和生命周期。子发射器模块如图18–15所示。

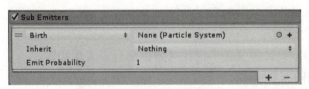

图 18–15　子发射器模块

11. 渲染器模块

渲染器模块如图18–16所示。

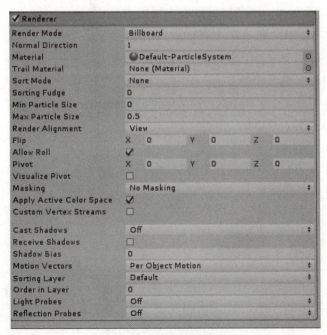

图 18–16　渲染器模块

渲染器模块的属性比较多，这里介绍比较常用的3个属性。

（1）Render Mode（渲染模式）：

①Billboard：广告牌，将粒子渲染为面向活动相机的广告牌（默认）；

②Stretch Billboard：拉伸广告牌，沿运动方向拉伸粒子；

③HorizontalBillboard：水平广告牌，将粒子渲染为广告牌，始终沿 Y 轴朝上；

④VerticalBillboard：垂直广告牌，将粒子渲染为广告牌，但不沿 X 轴倾斜；

⑤Mesh：将粒子渲染为网格；

⑥None：不要渲染粒子。

（2）Material：设置粒子的材质。

（3）Sorting Fudge：排序校正，可以设置该粒子系统的显示层级，值越低越优先显示。

知识拓展

（1）特效设计师在游戏制作中的职责如下：

①设计与创造游戏机制所需的粒子系统；

②设计与创造粒子系统与特效，营造环境氛围；

③与动画师、游戏设计师及关卡设计师紧密配合，实现特效；

④优化特效并用于实时模拟。

（2）学习粒子系统组件的其他模块：

①Color over Lifetime Module：颜色生命周期模块；

②Color by Speed Module：颜色随速度变化模块；

③Size over Lifetime Module：大小生命周期模块；

④Size by Speed Module：大小随速度变化模块；

⑤Rotation over Lifetime Module：旋转生命周期模块；

⑥Rotation by Speed Module：旋转随速度变化模块；

⑦Triggers Module：触发模块；

⑧Texture Sheet Animation Module：纹理帧动画模块；

⑨Lights Module：灯光模块；

⑩Trails Module：追踪模块；

⑪Custom Data Module：自定义数据模块。

（3）更多的特效内容：

①布料模拟；

②毛发模拟；

③后期特效与电影制作。

单元小结

本单元着重介绍 Unity 粒子系统所提供的功能模块，除了粒子系统基本模块以外，其他模块大致都与粒子的生命周期相关，主要以粒子的生命周期为轴，调整关于粒子的相关属性

（如速度、颜色、速度）。在单元 19 中，通过制作不同的粒子特效进一步学习这些模块的使用方法。

思考与练习

1. 简述粒子系统和粒子的关系。
2. 一个最简单的粒子系统必须使用哪几个组件？
3. 粒子系统组件的模块主要有哪些功能？
4. 创建一个粒子系统。要求：
（1）设置该粒子系统中的粒子的生命周期为 10 s，初始颜色为红色，初始大小为 1；
（2）利用相关组件使其颜色随着粒子的生命周期变化；
（3）利用相关组件使其大小随着粒子的生命周期变化；
（4）设置该粒子系统的发射模块，每 5 s 爆发一次，爆发数量为 200；
（5）复制数份该粒子系统，分别修改它们的发射器形状，查看效果。

实 训

本单元重点介绍粒子系统的基本知识，按照"思考与练习"的内容对本单元所讲解的模块逐一加以使用，以更直观地了解其内涵。

单元 19

粒子系统实例

学习目标

（1）了解 Unity 中粒子特效的制作流程；
（2）掌握 Unity 中粒子特效的制作方法。

任务描述

本单元通过制作雪、雨、火，3 个难度层层递进的粒子特效来深化对粒子系统及其组件的学习，在制作这 3 个粒子特效时会使用到单元 18 所介绍的粒子系统组件的常用模块，若在制作的过程中对常用模块有疑问，可以查看单元 18 的内容。

任务 19.1　制作"雪"粒子特效

【知识点 19-1】　使用粒子系统制作"雪"粒子特效。

具体步骤如下：

（1）创建一个初始的粒子系统。

在"Hierarchy"视图的空白处单击鼠标右键，执行"Create"→"Effects"→"Particle System"命令创建粒子系统，并重命名为"snow"。

（2）设置"snow"粒子系统的基本模块，如图 19-1 所示。

①Duration：设置为 4 s，默认的 5 s 也可以，主要是为了减少消耗。

②Looping：勾选，循环播放"snow"粒子系统，因为雪是持续下落的。

③Star Lifetime：设置为 3 s 即可，避免设置得过高，过高会导致粒子过快"死亡"，使粒子系统出现断层现象。

④Star Size：设置为 0.6。若保持默认值，粒子形状过大，与雪的实际效果不符。

⑤Gravity Modifier：设置为 5，雪是因受到重力而向下落的。

其他属性使用默认设置即可。

（3）设置"snow"粒子系统的发射模块，如图 19-2 所示。

Rate over Time：设置为 300，表示每个周期的下雪量。

图 19-1 "snow"粒子系统基本模块设置

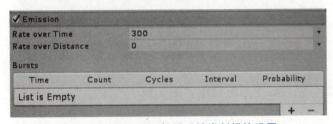

图 19-2 "snow"粒子系统发射模块设置

(4) 设置"snow"粒子系统的形状模块，如图 19-3 所示。

①Shape：设置为"Rectangle"（矩形）。

②Scale：参数"X"和"Y"设置为 30，参数"Z"设置为 1，参数"X"和"Y"决定了矩形的面积大小，参数"Z"决定了矩形的厚度，这里对发射器的厚度无要求，保持默认即可。

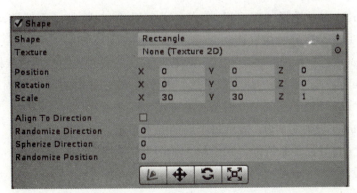

图 19-3 "snow"粒子系统形状模块设置

(5) 查看效果。

将"snow"粒子系统拖至相机的上方,在"Game"视图中查看效果,如图 19-4 所示,若效果不满意,可以根据需求随时调整属性。勾选"Particle Effect"视图的"Resimulate"属性,对粒子系统进行实时修改并查看效果,如图 19-5 所示。"雪"粒子特效是比较简单的,但是想要制作得更为精细,还需要更加深入地对各个模块进行设置。

图 19-4 "雪"粒子特效在"Game"视图下的效果

图 19-5 勾选"Particle Effect"视图的"Resimulate"属性

任务 19.2 制作"雨"粒子特效

【知识点 19-2】 使用粒子系统制作"雨"粒子特效。

具体步骤如下:

(1) 创建一个初始的粒子系统。

在"Hierarchy"视图的空白处单击鼠标右键,执行"Create"→"Effects"→"Particle System"命令创建粒子系统,并重命名为"rain"。

(2) 设置"rain"粒子系统的基本模块,如图 19-6 所示。

①Star Lifetime:设置为 1 s,设置较短时间可以实现阵雨效果。

②Star Speed:设置为 0。

③Simulation Space:选择"World"模式,这会使"rain"粒子系统移动而粒子进行过渡性的移动,不是完全生硬的位置移动。

④Scaling Mode:选择"Shape"模式,该粒子系统的发射器完全由形状模块决定。

⑤Max Particles:某一时刻的最大粒子数,设置为 400,可以减少资源损耗。

(3) 设置"rain"粒子系统的发射模块,如图 19-7 所示。

Rate over Time:设置为 200,表示每个周期的下雨量。

(4) 设置"rain"粒子系统的形状模块,如图 19-8 所示。

①Shape:设置为"Cone"(圆锥形)。

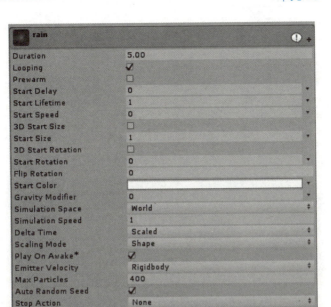

图 19-6 "rain"粒子系统基本模块设置

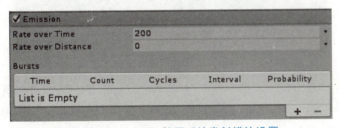

图 19-7 "rain"粒子系统发射模块设置

②Angle：默认为25°，角度越大，圆锥就张得越大。

③Radius：设置为20，使圆锥的覆盖范围更大。

④Emit from：指定从哪里发射粒子，默认是"Base"（底部），即从圆锥的底部发射粒子，这里选择"Volume"（体积），从整个圆锥内随机发射粒子。

其他属性使用默认设置即可。

（5）设置"rain"粒子系统的速度生命周期模块，如图19-9所示。

Linear X, Y, Z：设置为（20, 0, -60）。"X"设置20，让粒子在 X 轴正方向（右方向）以20的速度运动，制造雨滴斜着落下的效果。"Z"设置为-60，让粒子在 Z 轴负方向（下方向）以60的速度运动，让雨滴向下落。在"雪"粒子特效的制作中，为了让雪花能够向下落，使用了重力属性，这里使用另一种方法让雨滴向下落。

（6）设置"rain"粒子系统的渲染器模块，如图19-10所示。

①Render Mode：设置为"Stretch Billboard"（伸张广告牌），让粒子（"rain"粒子系统的粒子即雨滴）沿运动方向拉伸。在速度生命周期模块中已经设置了粒子的运动方向，为（20, 0, -60），让粒子在这个方向上进行拉伸。

②Speed Scale/Length Scale：进行速度缩放/长度缩放，以调整粒子的拉伸程度。

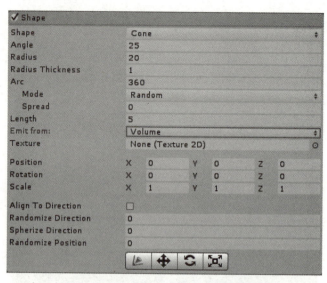

图 19-8 "rain" 粒子系统形状模块设置

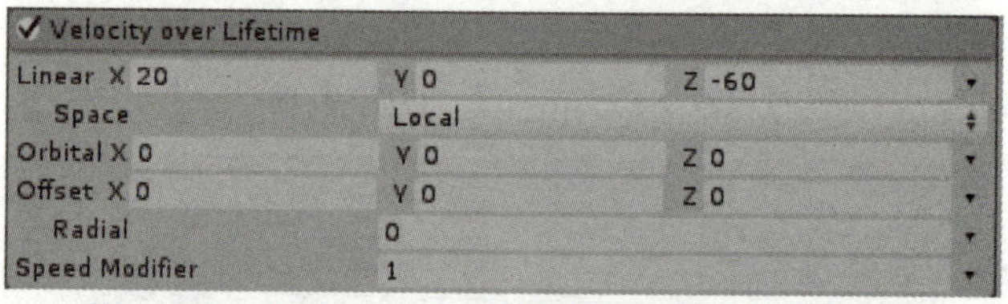

图 19-9 "rain" 粒子系统速度生命周期模块设置

③Material：在"Project"视图中找到名为"raindrop"的材质，并将其拖拽至选项中。

④Max Particle Size：设置为 0.005，当雨滴的下落速度较快时，会给观察者带来视觉残留效果，即雨滴不是一滴一滴的，而是一串一串的。

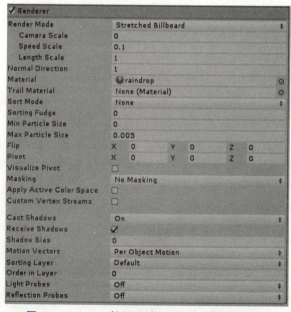

图 19-10 rain 粒子系统 Renderer 器模块设置

(7) 查看效果。

将"rain"粒子系统拖至相机的上方,在"Game"视图中查看效果,如图 19 – 11 所示。

图 19 – 11 "雨"粒子特效在"Game"视图下的效果

任务 19.3 制作"火"粒子特效

【知识点 19 – 3】 使用粒子系统制作"火"粒子特效。

(1) 创建一个初始的粒子系统,命名为"fire"。

在"Hierarchy"视图的空白处单击鼠标右键,执行"Create"→"Effects"→"Particle System"命令创建粒子系统,并重命名为"fire"。

(2) 设置"fire"粒子系统的基本模块,如图 19 – 12 所示。

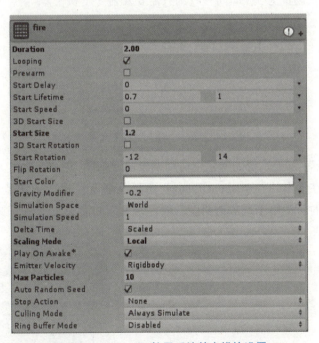

图 19 – 12 "fire"粒子系统基本模块设置

①Duration:设置为 2 s,火苗不需要太高。

②Star Lifetime:单击属性框后的"三角形"图标,在弹出的下拉列表中选择"Random

Between Two Constants"选项（图 19 – 13，数值可选说明见表 19 – 1），在两个输入框中分别输入"0.7"和"1"，即"fire"粒子系统的初始生命周期在 0.7 s 和 1 s 之间随机取值。

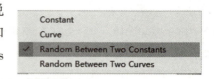

图 19 – 13　数值可选模式

③Star Size：设置为 1.2。

④Star Rotation：选择"Random Between Two Constants"选项，分别设置为 – 12 和 14，即将粒子系统的旋转值设置为 – 12°~14°。

⑤Gravity Modifier：重力为 – 0.2，类似浮力，使火苗可以往上燃起。

⑥Max Particles：火焰效果不需要大量的粒子，设置粒子数为 10，以减少消耗。

表 19 – 1　数值可选模式说明

选项	说明
Constant	常量，用一个数值来赋值
Curve	曲线，用一个曲线来赋值
Random Between Two Constants	在两个常量之间随机赋值
Random Between Two Curves	在两个曲线之间随机赋值

（3）设置"fire"粒子系统的发射模块，如图 19 – 14 所示。

Rate over Time：设置为 3，即同一时刻只需要发射 3 个粒子。

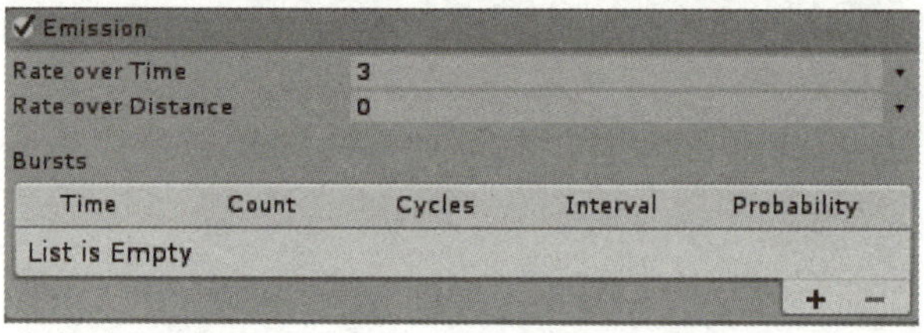

图 19 – 14　"fire"粒子系统发射模块设置

（4）设置"fire"粒子系统的颜色生命周期模块，如图 19 – 15 所示。

单击调色板，在弹出的"Gradient Editor"（颜色渐变）窗口中调节颜色，如图 19 – 16 所示。颜色条上方的箭头用于调节透明度，颜色条下方的箭头用于调节颜色。

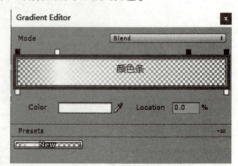

图 19 – 15　"fire"粒子系统颜色生命周期模块设置　　图 19 – 16　"Gradient Editor"窗口

(5) 设置"fire"粒子系统的大小生命周期模块，如图19-17所示。

Size：单击属性框后的"三角形"图标，在弹出的下拉列表中选择"Curve"选项，并按照图19-18绘制一条起始坐标为（0，1.5），终点坐标为（1，1.1）的曲线。

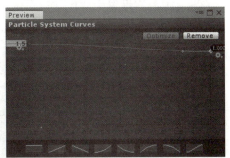

图19-17 "fire"粒子系统大小生命周期模块设置

图19-18 大小生命周期模块"Size"属性值

(6) 设置"fire"粒子系统的纹理帧动画模块，如图19-19所示。

①Mode：设置为"Grid"（格子）。

②Tiles：X列、Y行，由该粒子系统所提供的资源决定，"fire"粒子系统不设置行、列的效果如图19-20所示，设置行、列的效果如图19-21所示。

③Cycles：设置为2 s。

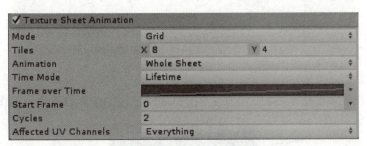

图19-19 "fire"粒子系统纹理帧动画模块设置

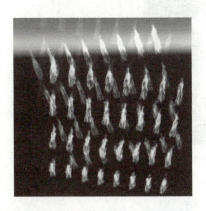

图19-20 不设置行、列的效果

图19-21 设置行、列的效果

(7) 设置"fire"粒子系统的渲染器模块, 如图 19-22 所示。

①Render Mode:设置为"Vertical Billboard"(垂直广告牌)。

②Material:在"Project"视图中找到名为"ParticleFlames"的材质拖拽至该选项中。

③SortMode:设置为"By Distance"(使用距离排序)。

④Sorting Fudge:设置为 60, 以减少粒子出现在透明物体前的机会。

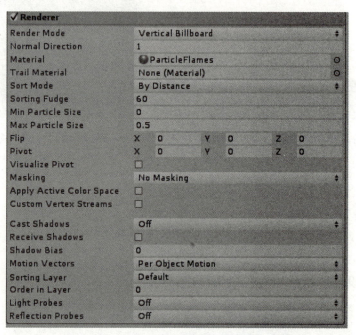

图 19-22 "fire"粒子系统渲染器模块设置

(8) 查看效果。

将"fire"粒子系统拖至相机的上方, 在"Game"视图中查看效果, 如图 19-23 所示。

图 19-23 "火"粒子特效在"Game"视图下的效果

单元小结

优秀的粒子特效总是由多个粒子系统组合形成的, 比如"火"粒子特效, 除了火苗外,还应该组合"火星""烟雾"等粒子特效。

本单元制作了"雪""雨"和"火"3种粒子特效,在实际应用过程中还有许多丰富多彩的粒子特效果,如烟花、闪电、魔法阵、刀光、爆炸等,若要制作更多粒子特效,可以在Unity的标准资源库中找到其他粒子系统进行学习。

思考与练习

1. 为"snow"粒子系统增加更多元素,使其更丰富。
2. 为"rain"粒子系统增加更多元素,使其更丰富。
3. 为"fire"粒子系统增加更多元素,使其更丰富。
4. 简述制作一个粒子特效的大致流程。
5. 通过脚本控制粒子系统:
(1) 粒子系统的播放;
(2) 粒子系统的参数修改。

实 训

1. 完成"雪""雨"和"火"粒子特效的制作。
2. 为单元16中制作的虚拟沙盘添加相关天气粒子特效,并且可以通过UI切换。

单元 20

升级VR项目

学习目标

(1) 了解 VR 项目的硬件；
(2) 了解 VR 项目的支撑软件；
(3) 了解 VR 项目和非 VR 项目的区别；
(4) 掌握 VR 设备的配置方法；
(5) 掌握将非 VR 项目转换为 VR 项目的配置方法。

任务描述

前面的学习使读者对 Unity 的基础功能有了一定的了解，各单元的实践训练使读者掌握了它们的使用方法。接下来面向 VR 项目开发进行学习。本单元介绍硬件设备的相关知识，以及支撑 VR 项目开发的 SDK 的使用方法等内容。

任务 20.1　了解 HTC Vive

HTC Vive 是由 HTC 公司与 Valve 公司联合开发的一款 VR 头显（虚拟现实头戴式显示器，Virtual Reality Headset）。它分为 3 个模块：一个 VR 头盔、两个手持控制器（手柄）、一套定位系统（由两个定位器组成）。HTC Vive 的单眼有效分辨率为 1 200×1 080，双眼合并分辨率为 1 860×1 200，2K 分辨率大大降低了画面颗粒感，在保证画质的同时其画面刷新率达到 90 Hz，极低的延迟减少了恶心和眩晕感。对比市面上的大多数设备，在同价位的条件下，HTC Vive 是不错的选择。本书以 HTC Vive 作为实践项目的硬件平台。

HTC Vive 的定位系统是由 Valve 公司独有的激光追踪系统支撑的，它支持同时追踪头显和手柄的位置。它由两个定位器来确定可追踪的空间，即用户必须在两个定位器之间活动，超出这个区域就无法被追踪到。

截至 2019 年 10 月，HTC Vive 官网上已经推出了 Vive Pro、Vive Focus、Vive Cosmos 等产品，它们在画面分辨率、刷新率、延迟等各方面均有所提升，也根据各种不同的需求进行了相应的功能提升，比如允许适配多个定位器以拓展用户佩戴 VR 头显后的移动空间、推出不需要额外定位器的 VR 一体机等。

任务 20.2　了解 SteamVR

SteamVR（图 20-1）是 Vavle 公司的软件产品，当 VR 设备连接到计算机上时，SteamVR 会自动识别这些硬件，帮助配置、使用 VR 设备。

SteamVR 除了是一款软件，它在开发者眼中还是开发 VR 产品不可或缺的 SDK，在它的支持下，开发者能够将 VR 产品发布到 VR 平台，它支持 HTC Vive、Oculus Rift、Windows Mixed Reality 等设备。SteamVR 插件如图 20-2 所示。

图 20-1　SteamVR 软件

图 20-2　SteamVR 插件

需要注意的是，SteamVR 有两个概念：一是软件，通过下载 Steam 进行安装，用于支撑硬件识别；另一个是开发 SDK，可以通过 Github 平台上 Valve 公司提供的开源项目下载。

如果只是单纯地使用 VR 头盔，那么下载 SteamVR 软件即可。但对于开发者，必须下载 SteamVR 软件适配硬件设备后，再下载 SteamVR SDK 用于支撑项目开发。

任务 20.3　连接 HTC Vive

在初步了解 HTC Vive 以后，现在需要将它与计算机连接起来以便使用。HTC Vive 相当于一个显示器，而计算机承担数据处理主机的角色。

具体步骤如下：

（1）确定可供活动的空间区域，在空间区域的两个对角位置分别摆放两个定位器，需要将定位器的高度调节至 2 m 左右，且两个定位器的 LED 面互相对应，略微朝下。

（2）为定位器插上电源，通过定位器背部的按钮调节频道，通过 LED 面查看频道信息，确保一个定位器频道为 B，另一个定位器频道为 C（如果只使用一个定位器，那么将定位器频道设置为 A）。

(3)找到头显与连接盒,注意连接盒上的文字提示,将 PC 端的接口用相应的 HDMI 线、USB 线、电源线连接到计算机主机背板提供的数据接口,HDM 端的接口与头显的数据线连接(特别注意连接到计算机主机背板的 HDMI 线需要插在独立显卡的视频口,否则无法使用)。

(4)下载安装 SteamVR 软件,启动后可以选择"运行房间设置"功能按照软件提示进行设备配对,SteamVR 识别设备成功界面如图 20 – 3 所示。

图 20 – 3　SteamVR 识别设备成功界面

任务 20.4　为项目导入 SDK

在本单元提供的项目资源中找到"SteamVR2_5_0.Unitypackage",在 Unity 菜单栏选择"Window"→"ImportAsset"→"Custom Package"选项,导入 SteamVR 资源包,默认全部勾选即可,如图 20 – 4 所示。

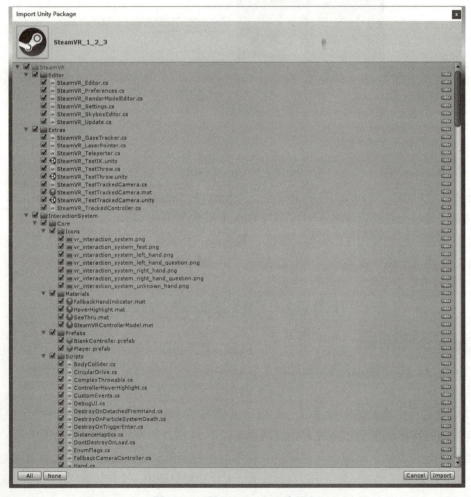

图 20 – 4　导入 SteamVR 资源包

任务 20.5　了解 HTC Vive 的手柄交互

在"Project"视图中，在路径"../SteamVR/InteractionSystem/Samples"中可以看到场景资源"Interaction_Example.Unity"，双击打开后，运行即可体验 SteamVR 提供的基础交互内容，如图 20-5 所示。

图 20-5　Interaction_Examples 场景

在运行场景前，先简单了解 HTC Vive 的手柄。一套 HTC Vive 设备配有两个手柄，与 VR 头盔一样可以通过定位系统定位，在 VR 应用中绝大部分的交互都是通过手柄完成的。手柄上的按键如图 20-6 所示。

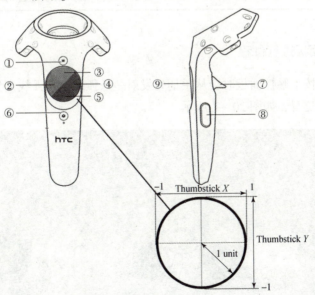

图 20-6　手柄

1—菜单按钮（Shoulder）；2—触控面板（左）（Face Button 4）；3—触控面板（上）（Face Button 1）；
4—触控面板（右）（Face Button 2）；5—触控面板（下）（Face Button 3）；6—系统按钮（未映射）；
7—扳机（Frigger/Trigger Axis）；8—手柄按钮（Grip 1）；9—触控面板按钮（Thumbstick）

系统按钮比较特殊，该按钮不允许在项目中重新定义作用，其作用是调用 SteamVR 管理当前运行的 VR 应用，可以自主选择关闭当前应用、管理应用库等功能。其他按钮都可以在项目中定义作用，不同的按钮有不同的状态。不同状态触发方法见表 20-1。

表 20-1 不同状态触发方法

状态名	触发方法
Touch	触碰按钮
Press	按下按钮
Click	完成一次点击按钮（按下后松开）

除了按钮，还有系统状态灯（System Status LED），告知当前手柄的状态，见表 20-2。

表 20-2 系统状态灯

颜色	说明
绿色	表示手柄状态正常（配对成功、电量足够）
蓝色	表示手柄配对成功
橙色	表示手柄正在充电
白色	表示手柄电量已满
闪烁红色	表示手柄当前电量低
闪烁蓝色	表示手柄正在与 VR 头显配对

1. 通过触控面板进行位移

运行场景后，按下触控面板时会从手柄处发射一条弧线，当弧线变为绿色后松开触控面板可以到达相关的位置，如图 20-7 所示。

图 20-7 通过触控面板进行位移

2. 通过扳机与物体交互

如图 20-8 所示，场景中的立方体对象可以通过移动手柄到物体旁，按住扳机将其抓住，松开扳机后立方体对象会自由掉落。

图 20-8 通过扳机与物体交互

场景中还有许多不同的交互方式，除了单手交互外还有双手交互的内容，如射箭。大部分与物体的交互都是通过扳机完成的。

单元小结

本单元详细介绍了 SteamVR 软件与 SteamVR 插件的关系，以及软件与硬件的关系，并利用 SteamVR 插件提供的"Interaction_Example.Unity"场景介绍了 HTC Vive 的基本使用方式，通过运行示例场景将当前的交互暂时划分为通过扳机与物体进行交互以及通过触控面板进行位移。

思考与练习

1. 简述 SteamVR 的含义。
2. 通过 Github 平台找到 SteamVR 的开源项目，了解其版本迭代关系。
3. 简述 SteamVR 软件和 HTC Vive 的关系。
4. 简述 VR 设备一体机和非一体机的区别。

实 训

1. 为项目导入 SteamVR 插件，确保场景可以通过 VR 头盔预览。
2. 探索"Interactions_Example.Unity"中的交互内容。

单元 21

虚拟场景中的位置传送

学习目标

(1) 了解 VR 项目中的移动逻辑；
(2) 了解 VR 项目中的射线功能；
(3) 掌握通过射线功能制作 VR 项目中可移动点功能的方法；
(4) 掌握通过射线功能制作 VR 项目中可移动区域功能的方法。

任务描述

本单元介绍 VR 项目中移动功能的重要性以及如何通过 SteamVR 软件实现该功能。本单元涉及使用设备手柄、布置可移动区域、布置不可移动区域等知识点，会以线性流程来讲解整个功能的制作方法。

任务 21.1 移动逻辑

1. 了解移动逻辑

在单元 20 中，介绍 HTC Vive 时提到了可移动空间，当能够为 VR 设备使用者提供足够大的活动空间时，VR 设备使用者可以直接移动到想去的位置，但是当无法提供足够大的空间时，就要通过手柄帮助 VR 设备使用者实现在虚拟场景中的位置跳转，也称为位置传送。

通过手柄交互实现传送时，需要考虑以下 3 点：
(1) 手柄的哪个按钮进行位置传送；
(2) 如何表现用户选择的目标点；
(3) 如何确定可移动和不可移动的区域。

在现有的解决方案中，通常通过按下手柄的触控面板，从手柄的位置发射一条可见的射线来确定目标位置，松开触控面板后角色被移动到刚刚选定的目标位置，如果射线未能选定到一个可移动的点，松开触空面板后角色保持在原地不动。

2. 了解位移实现方式

SteamVR 的位移可以通过朝确定的方向发射一条指定长度（也可以不指定长度）的射线实现。最终通过射线能够确定一个目标点，这个目标点就是通过射线与目标区域相交所得到的。为什么需要一个目标点呢？当希望通过射线进行位置传送的时候，射线确定了目标区域中某个位置后，就可以选择移动到该目标位置；当希望通过射线操作一个对象时，当射线与该物体相交触发互动时，就可以在脚本中获得该物体进而实现后续操作。

任务 21.2　添加手柄射线

单元 20 的实训任务中要求为室内场景添加 VR 头盔漫游的功能。本任务在此基础上添加射线移动功能，具体步骤如下：

（1）为场景添加"Player"预制体，它在路径"../SteamVR/InteractionSystem/Core/Prefabs/Player.prefab"下，在场景中调整它的位置。"Player"预制体中主要用到了 VRCamera、LeftHand、RightHand，便于与实际硬件交互，此外还涵盖了 VR 开发中其他必要的组件内容，如图 21-1 所示。

（2）为场景添加"Teleporting"预制体，具体路径为"../SteamVR/InteractionSystem/Teleport/Teleporting.prefab"。

"Teleporting"预制体的作用是获取手柄触控面板输入后，实例化弧线，指引位移。这主要是其身上挂载的"Teleport.cs"和"TeleportArc.cs"脚本实现的。

图 21-1　"Player"预制体层级结构

"Teleport.cs"脚本中有关于不同状态时材质球的引用、射线状态的颜色配置、移动时配置的音效等。"TeleprtArc.cs"脚本中有关于弧线绘制的设置。

任务 21.3　添加移动区域

在 SteamVR 中，有可移动区域和可移动点两种方式。本节任务讲解可移动区域的设置，具体步骤如下：

（1）打开场景"Interactions_Example.Unity"，找到"Teleport Area"对象，为其生成相关的预制体。

（2）回到室内场景，将"Teleport Area"对象的预制体添加到场景中，设置位置时注意其高度应该与地板贴合，如图 21-2 所示。

（3）运行场景，按下触控面板可以和刚刚布置的"Teleport Area"对象的预制体进行互动。

"Teleport Area"对象下挂载了"Teleport Area"组件，如图 21-3 所示。勾选

图21-2 添加"TeleportArea"对象的预制体

"Locked"属性后运行场景,会发现该区域无法移动,且弧线样式等内容也会发生变化(归功于"Teleporting"对象)。勾选"Marker Active"属性后运行场景,会发现"Teleport Area"对象即便在没有按下触控面板的情况下也会显示在场景中(可以创建两个"Teleport Area"组件,一个勾选"Marker Active"属性,另一个不勾选,运行场景,对比效果)。

图21-3 "Teleport Area"组件设置

任务21.4 添加可移动点

本任务介绍如何添加可移动点。为什么在有了可移动区域以后,还要有可移动点呢?可移动点是为了限制用户移动,或者让用户到达预期的某个特定位置。

在"Project"视图中找到"Teleport Point"预制体,将其添加到场景中,同样要注意与场景地面对齐,如图21-4所示。它就是可移动点的关键所在。"Teleport Point"组件属性设置如图21-5所示。

图21-4 "Teleport Point"预制体

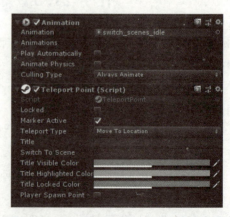

图21-5 "Teleport Point"组件属性设置

"Teleport Point"预制体上有一个"Animation"组件，其目的是在"Teleport Point"预制体的不同状态下（未交互、交互中）播放不同的动态效果，让整体感观更好。

"Teleport Point.cs"和"Teleport Area.cs"类似，不同在于可以通过"Teleport Point.cs"定义不同交互状态的颜色表现，且可以通过其进行场景内的位移或场景间的跳转（需要注意的是，SteamVR不提供场景跳转的代码，需要自己在脚本内编写）。

任务21.5 添加不可移动区域（点）

在学会制作可移动区域和可移动点后，不难发现制作不可移动区域、不可移动点有两种方式：一种是添加相关的预制体，勾选组件的"Locked"属性；另一种是只为可移动的位置添加相关对象。

这两种方式有什么区别呢？随着游戏故事情节的推进，用户会被允许前往场景中的更多地方，这需要开发者提前部署好可移动的位置，但在时机不成熟时这些位置是不可用的（即勾选"Locked"属性）。

另外，本单元阐述的是基于手柄射线的位置传送，要记得VR设备本身支持移动（即不依靠手柄传送），所以不要忘记为场景添加限制的碰撞体。

单元小结

本单元从移动逻辑出发，分析SteamVR插件提供的位移工具的操作思路及其使用方式，对手柄事件的触发以及可移动区域、可移动点的部署方法进行了实例讲解。

思考与练习

通过修改"Teleporting.prefab"中"Teleport.cs"的"Teleport Action"组件，实现利用手柄的不同按钮进行传送的功能。

实　　训

1. 为项目场景布置可移动区域。
2. 为项目场景布置不可移动区域。
3. 为项目场景布置可移动点。
4. 为项目场景布置不可移动点。

单元 22

虚拟场景中的物体交互

学习目标

(1) 了解 VR 项目中 UI 的作用；
(2) 了解 VR 项目中与物体交互的逻辑流程；
(3) 了解 VR 项目中与 UI 交互的逻辑流程；
(4) 了解 VR 项目中射线功能在交互方面的作用；
(5) 掌握 VR 项目中与物体交互的方法；
(6) 掌握 VR 项目中与 UI 交互的方法。

任务描述

通过前面两个单元的学习不难发现 VR 交互中手柄的重要性。与角色位置移动不同，通过手柄控制物体时需要用户将手柄靠近被控制对象，这涉及身体的互动，能够给用户带来更强的代入感。本单元系统地讲解手柄与物体交互的逻辑，并通过 SteamVR 插件实现相应的功能。

任务 22.1 物体抓取逻辑

1. 了解与物体交互的逻辑

在 VR 项目中，通过手柄抓取物体是最常见的交互方式。功能实现的核心在于通过手柄的碰撞体检测物体碰撞体，产生碰撞检测后，满足条件时通过物体高亮来提示用户手柄已触碰到该对象，之后用户按下指定的按钮即能拾取对象。

2. 了解可交互对象组件

如果希望 VR 项目中的对象可与手柄进行交互，那么就对每个对象进行具体设置。参照 SteamVR 插件提供的可交互预制体，可以看到可交互对象主要分为两部分。第一部分是父对象，要求挂载"Rigidbody""Interactable""Throwable"组件，如图 22 - 1 所示；第二部分是物体本身的模型表现，要求挂载"BoxCollider"组件，如图 22 - 2 所示。

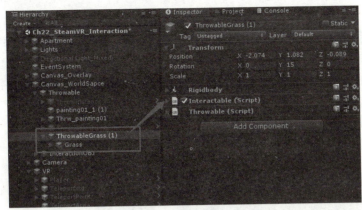

图22-1 可交互对象父对象

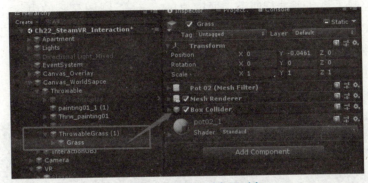

图22-2 可交互对象子对象

除了使用基础组件,还可以通过更便捷的方式完成可交互物体的制作。通过"Project"视图找到"ThroowInstance"这个SteamVR插件提供的可交互物体的预制体,将其拖拽到场景中,修改第二部分(即模型外观表现)的对象即可完成配置,如图22-3、图22-4所示。

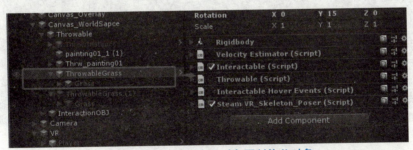

图22-3 修改可交互对象预制体父对象

图22-4 修改可交互对象预制体子对象

任务 22.2　可交互对象与控制器的表现问题

在任务 22.1 中简单配置了可交互物体后（基于 SteamVR 插件提供的预制体制作），不难发现存在两个问题：

（1）控制器的手势动画与模型不匹配；

（2）抓取物体后，物体的朝向不符合预期。

1. 解决控制器的手势动画与模型不匹配的问题

可交互物体的父对象中挂载了"Steam VR_Skeletoon_Poser"组件，其主要作用是当该物体被交互时控制手势动画进行匹配。通过"Inspector"视图显示的内容（图 22-5）可以在"Current Pose"选项区域中找到关于相关动画配置的文件，单击后可以在"Project"视图中看到文件内容（图 22-6）。

如果能做到和模型匹配的手势动画固然是好事，但这不是本任务的内容。本任务想告诉读者的是，如果无法匹配动画，那么就不要让其影响效果表现，移除它即可。

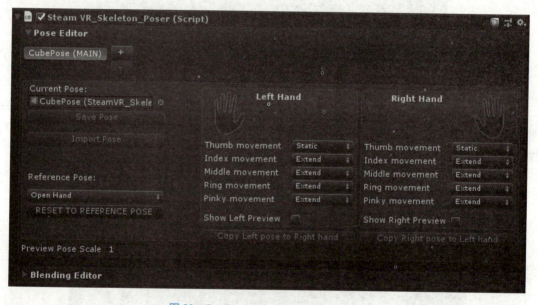

图 22-5　Steam VR_Skeletoon_Poser

2. 解决物体的朝向不符合预期的问题

制作可交互物体后，不难发现存在用手柄抓取物体后，物体的朝向不符合预期的问题。出现这个问题是因为物体被抓取时是通过绑定手柄节点与可交互物体的轴心来达到抓取的视觉效果的。如图 22-7 所示，可交互对象父对象的轴心即抓取点，而其朝向需要按照图 22-7 所示进行设置，这样抓取时的物体的朝向就会表现正常。

单元 22　虚拟场景中的物体交互

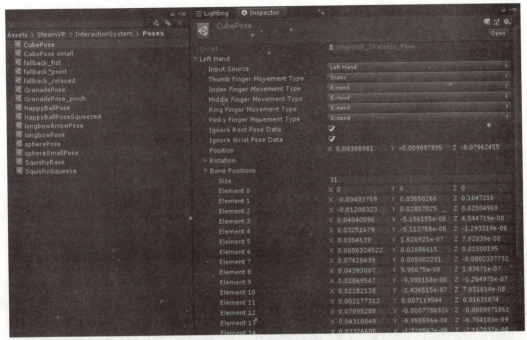

图 22-6　手势动画配置文件

图 22-7　可交互对象父对象的轴心位置

任务 22.3　UI 交互逻辑

结合前面的单元会发现，大多数场景交互依赖 UI。本任务在了解 VR 项目中与物体交互知识的基础上进一步介绍 VR 项目中与 UI 的交互。

1. 了解与 UGUI 交互的逻辑

在前面的学习中，介绍了 SteamVR 软件自带的 "Interactions_Example.Unity"，场景中展示了一种与 UGUI 的交互方式，即通过手柄与 UI 本身碰撞检测后，按下手柄的扳机，实现交互，如图 22-8 所示。

207

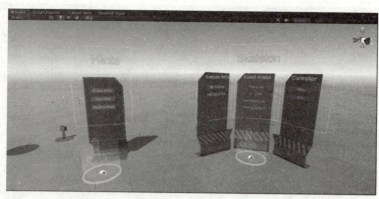

图22-8 可交互UI

2. 了解可交互UI对象的组件

通过对实例场景的分析，可以看到可交互UI对象上挂载了"Interactable""UI Element"两个组件，并且其子对象中还有一个角色承担了挂载"Collider"组件的作用，目的不言而喻，就是进行碰撞检测。

"Interactable"组件是为了保证该物体可交互，而"UI Element"组件（图22-9）则是在认定该对象的UI类型时所添加的，目的是确保按钮与手势进行碰撞检测（接触、离开）时表现（高亮、常态）正常，且按下扳机能够正常触发交互事件。

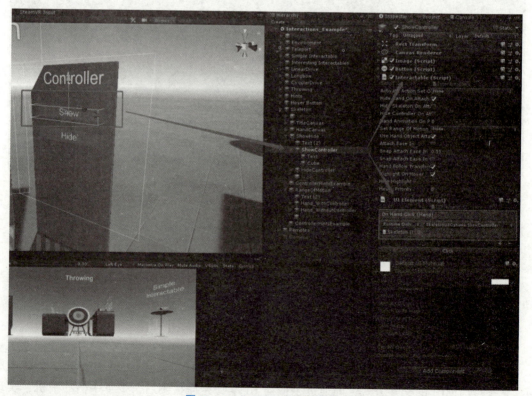

图22-9 "UI Element"组件

3. 另一种交互方式

通过分析示例场景的 UI 交互方式，会发现这种交互方式和直接与 3D 物体交互并没有太大区别，且在市面常见的 VR 应用中也较少使用这种方式与 UI 进行交互。另一种交互方式是通过手柄射线与 UI 进行交互，如图 22-10 所示。

图 22-10　通过手柄射线与 UI 进行交互

任务 22.4　制作可交互 UI

本节任务主要是制作通过手柄射线与 UI 进行交互的内容。

1. 了解基础组件

在"Project"视图中搜索"SteamVR_LaserPointer"，打开该场景后直接运行，可以看到手柄上出现射线。该效果是在场景对象"[CameraRig]/Controller（right）"上挂载"SteamVR_LaserPointer"组件产生的。通过隐藏场景的"[CameraRig]"对象，拖拽"Player"预制体到场景中，并且为其子对象"../SteamVRObjects/RightHand"添加"SteamVR_LaserPointer"组件，便完成了基础的手柄射线。

"SteamVR_LaserPointer"组件主要用来检测手柄发出射线是否与物体交互，从而调用相关委托事件。

2. 制作事件接受脚本

新建脚本"SteamVRLaserPointBaseEvent.cs"，挂载在场景中可交互的按钮上（别忘了按照任务 22.3 中的介绍，为按钮添加必要的组件），具体步骤如下。

（1）引用"SteamVR_LaserPointer"组件。

"SteamVR_LaserPointer"组件提供了 3 个状态，射线进入交互对象的碰撞体范围（SteamVrLaserPointer_PointerIn）、射线在交互对象的碰撞体范围内时按下交互键（SteamVrLaserPointer_PointerClick）、射线离开交互对象的碰撞体范围（SteamVrLaserPointer_PointerOut）。在脚本中先引用相关组件，并在 OnEnable()、OnDisable() 两个事件中添加、删除引用。

```csharp
public SteamVR_LaserPointer SteamVR_LaserPoint;

public void OnEnable()
{
    SteamVR_LaserPoint.PointerClick += SteamVrLaserPointer_PointerClick;
    SteamVR_LaserPoint.PointerIn += SteamVrLaserPointer_PointerIn;
    SteamVR_LaserPoint.PointerOut += SteamVrLaserPointer_PointerOut;
}
public void OnDisable()
{
    SteamVR_LaserPoint.PointerClick -= SteamVrLaserPointer_PointerClick;
    SteamVR_LaserPoint.PointerIn -= SteamVrLaserPointer_PointerIn;
    SteamVR_LaserPoint.PointerOut -= SteamVrLaserPointer_PointerOut;
}
```

（2）编写相关事件触发后执行的方法。

```csharp
public UnityEvent laserEnter = null;
public UnityEvent laserClickDown = null;
public UnityEvent laserOut = null;

public void Start()
{
    laserEnter.AddListener(OnLaserEnter);
    laserClickDown.AddListener(OnLaserClickDown);
    laserOut.AddListener(OnlaserOut);
}

/// <summary>
/// 射线进入范围后，按下交互键执行事件
/// </summary>
public virtual void OnLaserClickDown()
{
    Debug.Log("OnLaserClickDown");
}

/// <summary>
/// 射线进入范围时，执行事件
/// </summary>
```

```csharp
public virtual void OnLaserEnter()
{
    Debug.Log("OnLaserEnter");
}


/// <summary>
/// 射线进入范围交互一次后,抬起交互键执行事件
/// </summary>
public virtual void OnlaserOut()
{
    Debug.Log("OnlaserOut");
}
```

(3) 将委托事件添加到相关地方。

```csharp
public virtual void SteamVrLaserPointer_PointerOut(object sender, PointerEventArgse)
{
    if (e.target.gameObject == this.gameObject)
    {
        if (laserOut != null) laserOut.Invoke();
    }
}


public virtual void SteamVrLaserPointer_PointerIn(object sender, PointerEventArgs e)
{
    if (e.target.gameObject == this.gameObject)
    {
        if (laserEnter != null) laserEnter.Invoke();
    }
}


public virtual void SteamVrLaserPointer_PointerClick(object sender, PointerEventArgs e)
{
    if (e.target.gameObject == this.gameObject)
    {
        if (laserClickDown != null) laserClickDown.Invoke();
    }
}
```

单元小结

本单元着重介绍利用 SteamVR 插件与物体进行交互的方法（从在指定对象身上挂载 SteamVR 插件提供的组件到调整物体交互的表现）。此处是为了提醒读者，"纸上得来终觉浅，绝知此事要躬行"，很多实现细节只有在自己制作时才会发现。

另外，在示例场景的基础上，本单元介绍了如何利用手柄射线与 UGUI 进行交互。学习本单元之后，读者需要将前面单元制作的 UGUI 内容适配到 VR 版本中。

思考与练习

1. 将可交互对象的刚体移除，会有什么效果？
2. 将可交互对象的碰撞体移除，会有什么效果？
3. 可以设置在某些情况下物体可抓取，在某些情况下不可抓取吗？
4. 利用射线交互功能，通过 3 种状态事件的检测，改变被交互 UI 的颜色。
5. 利用射线交互功能，改变场景灯光这类有可交互 UI 的对象的交互逻辑。
   (1) 通过射线与 3D 物体交互后，打开相应的可交互 UI；
   (2) 通过射线与 3D 物体指定的 UI 交互，改变 3D 物体的状态。
6. 利用手柄的其他按钮，切换手柄射线功能的开关。

实　　训

1. 将室内场景中合适的物体配置成可交互物体。
2. 将前面单元制作的可交互 UI 配置成手柄可交互的方式。

单元 23

LOD 技术

学习目标

（1）了解 LOD 技术的作用与特点；
（2）了解 LOD 技术与资源的关系；
（3）了解 LOD 技术与性能的关系；
（4）了解 Unity 中提供 LOD 功能的组件；
（5）掌握 Unity 中提供 LOD 功能组件的使用方法。

任务描述

本单元首先介绍 LOD 的概念与作用，再介绍 Unity 是如何实现 LOD 的、实现 LOD 的相关组件及使用方法，最后通过模型资源实际操作使读者对 LOD 有更深一步的了解。

任务 23.1　LOD 概述

LOD 是英文 Level of Detail 的简写，意为多层次细节，LOD 是常用的性能优化技术。

LOD 根据物体在游戏画面中所占视图的百分比来调用不同复杂度的模型，要求模型本身提供数种不同精细程度（一般体现为模型的网格数量），其主要是根据相机与模型的距离控制变换模型网格进行性能优化。当一个物体距离相机比较远的时候使用低模（模型的面数较少，细节较少），当物体距离相机比较近的时候使用高模（模型的面数较多，细节较多）。

假设在没有 LOD 的情况下，场景内两个位置上摆放同一个模型，离相机近的模型（看得清楚细节）与离相机远的模型（看不清楚细节）都需要计算机消耗同等性能去渲染它们。但如果对它们设置了 LOD，那么远处的模型就可以不必花费这么多的性能进行渲染，因为即便渲染了也看不清楚，所以 LOD 的本质就是对性能开销进行优化。

LOD 是一种优化游戏渲染效率的常用方法，但也存在缺点，即占用大量内存。在虚拟现实场景中，为了高度模拟现实世界，对场景模型的细节要求较高，但如果整个虚拟现实场景的模型面数都很多，细节也很多，那么运行场景时会出现不流畅的情况，这就可以采用 LOD，LOD 可以看作一种空间换时间的优化思想。

任务 23.2 "LOD Group" 组件

在 Unity 编辑器中可以通过"LOD Group"组件使用 LOD,如图 23-1 所示。

1. 淡入模式（Fade Mode）

当 LOD 等级切换时,模型也要进行切换,此时可使用淡入模式实现平滑过渡,让用户不感到突兀,且拥有更好的视觉体验。这里主要有 3 种类型可供选择。

(1) None:不需要采用淡入模式,生硬地切换模型。

(2) Cross Fade:交叉淡入淡出类型,平滑过渡在过渡区域内进行,在过渡区域中,Unity 分别渲染当前和下一个 LOD 级别,然后将它们交叉渐变,Unity 通常使用屏幕空间抖动或透明度来实现交叉渐变。模型交叉渐变规则如图 23-2 所示。

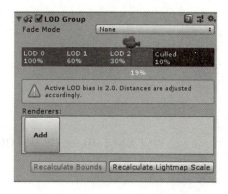

图 23-1 "LOD Group"组件

图 23-2 模型交叉渐变规则

选择"Cross Fade"类型后,会出现"Animate Cross-fading"（动画交叉渐变）选项,若勾选该选项,则说明过渡方式为基于时间自动过渡,但如果需要根据相机的位置自定义过渡区域,请禁用"Animate Cross-fading"选项,并设置"Fade Transition Width"属性,"Fade Transition Width"属性可以自定义模型的过渡区域,如图 23-3 所示。

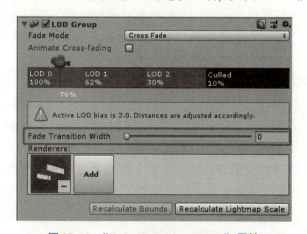

图 23-3 "Fade Transition Width"属性

（3）SpeedTree：速度树类型，这种类型只用于"SpeedTree"模型。"SpeedTree"集合存储着每个顶点的下一个 LOD 位置，因此每个顶点能够在当前 LOD 位置和下一个 LOD 位置之间进行插值变换。将"SpeedTree"模型导入 Unity 时，其会自动被设置为"Speed Tree"类型。

2. LOD 组选择条

图 23-4 中的相机图标用于 LOD 预览，可以拖动相机图标切换当前展示的 LOD 等级，摄像头图标的下方是彩色条，最左边是 100%（相机离物体最近），最右边是 0（相机离物体很远，几乎看不见）。

图 23-4　LOD 组彩色选择栏

各个 LOD 级别的百分比可以调整，拖动 LOD 级别框的左边界进行调整，还可以在彩色条上通过单击鼠标右键新增 LOD 等级和删除 LOD 等级。

在 Unity 中，"LOD 0"为精度最高，随着数值增加，精度下降。

3. 渲染器

选择不同的 LOD 等级，单击"Add"按钮添加模型或预制体（图 23-5），然后在弹出的列表中选择模型或预制体，选择后会弹出一个提示框，询问是否要把添加的模型作为"LOD Group"组件所属对象的子对象，此处单击"Yes，Reparent"按钮即可，如图 23-6 所示。

图 23-5　渲染器

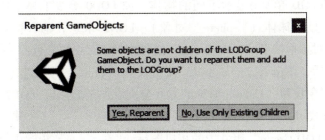

图 23-6　提示框

在不同的 LOD 等级添加不同的模型或预制体，只要相机的距离变换，就可以实现模型的变换。

4. "LOD Group" 组件下方两个按钮说明

(1) Recalculate Bounds：重新计算边界。

(2) Recalculate Lightmap Scale：重新计算光照贴图的大小。

任务 23.3 LOD 优化对象

本任务利用 "LOD Group" 组件优化虚拟对象。

(1) 在 "Hierarchy" 视图的空白处单击鼠标右键，执行 "Create Empty" 命令创建空对象，并将空对象命名为 "LODManager"。

(2) 将 "LODManager" 对象作为父对象，创建 3 个子对象，在 "Hierarchy" 视图中单击鼠标右键，选择 "3D Object" → "Cube" → "Sphere" → "Capsule" 选项，父、子对象的层级关系如图 23 - 7 所示，3 个子对象的位置信息是一致的，如图 23 - 8 所示。

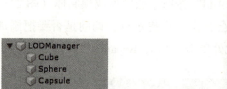
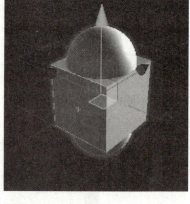

图 23 - 7 "LODManager" 对象的 "Hierarchy" 视图　　图 23 - 8 "LODManager" 对象

(3) 添加 "LOD Group" 组件，选择 "LODManager" 对象，执行 "Add Component" → "LOD Group" 命令将 "LOD Group" 组件挂载到该对象身上。

(4) 设置不同 LOD 等级下显示不同的物体，如 LOD0 等级下显示立方体（"Cube" 对象）、LOD1 等级下显示球体（"Sphere" 对象）、LOD2 等级下显示胶囊体（"Capsule" 对象）。将 "Cube" 对象拖拽至 "LOD Group" 组件中的 LOD0 的彩色框中（图 23 - 9），或者选择 LOD0 彩色框后，单击下方的 "Add" 按钮找到 "Cube" 对象进行添加。"Sphere" 对象和 "Capsule" 对象按照 "Cube" 对象的方式分别添加至 LOD1、LOD2 等级中。

(5) 有 3 种方式可以观察效果。

① 直接拖动 "LOD Group" 组件中的相机图标，"在 Scene" 视图中预览效果。

② 选择 "Scene" 视图中的某个游戏对象，同时滑动鼠标滚轮，通过缩小或放大编辑器视角预览效果。

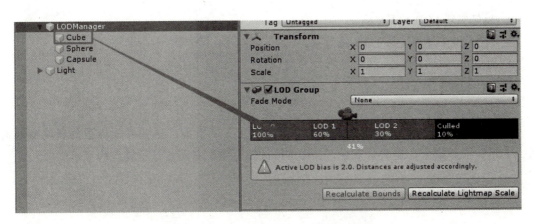

图 23-9 将"Cube"加入 LOD0 等级

③运行场景后,在"Scene"视图下移动相机使之靠近或远离"LODManager"对象,并在"Game"视图下观察效果。

不管使用哪种方式,观察到的现象都是:当相机与"LODManager"对象的距离处于 LOD0 等级内时,显示立方体;当相机与"LODManager"对象的距离处于 LOD1 等级内时,显示球体;当相机与"LODManager"对象的距离处于 LOD2 等级内时,显示胶囊体;当相机与 LODManager 对象的距离处于 Culled 等级内时,不显示任何物体。

知识拓展

Shader LOD(着色器的多层次细节)技术是另一种 LOD 技术,前面介绍的 LOD 技术主要根据视线的远近切换高模和低模,而 Shader LOD 技术主要根据不同的设备性能编译不同的着色器(Shader),性能较高的设备使用效果更精细的着色器,性能较低的设备使用效果较简单的着色器。

使用 Shader LOD 需要编写 Shader 脚本,通过编写多个 SubShader(子着色器)脚本实现着色器的切换,对此了解即可。需要注意的是 Shader LOD 常被简称为 LOD,需要根据情况判断具体是 LOD 还是 Shader LOD。

单元小结

本单元介绍了 Unity 的性能优化手段之一——LOD。从其概念介绍到 Unity 提供的"LOD Group"组件的使用,本单元使读者充分了解技术的优化原理。优化手段并非一直是正收益的,LOD 在减少性能开销的同时,也带来模型资源数量倍增所导致的存储问题。

本书的项目案例中并未使用 LOD 技术,原因是其本身并不是商用项目,而是用于学习与研讨,所以并未提供配套的 LOD 模型,但本单元通过 Unity 提供的原生模型,已经使读者体会到 LOD 技术的基本使用方式。

思考与练习

1. LOD 的概念是什么?LOD 的主要作用是什么?

2. 如何实现 LOD 效果？
3. 简述 LOD 与 Shader LOD 的区别。
4. 如何使用"LOD Group"组件实现高、中、低模的切换？

实　训

将 LOD 技术应用于房子模型。需要 3 个及以上房子模型，这些房子模型的精度有高有低，各不相同。按照合适的距离在"LOD Group"组件中完成各房子模型的显示。

单元 24

遮挡剔除技术

学习目标

(1) 了解遮挡剔除（Occlusion Culling）技术的作用与特点；
(2) 了解遮挡剔除技术与资源的关系；
(3) 了解遮挡剔除技术与性能的关系；
(4) 了解 Unity 中提供遮挡剔除功能的组件；
(5) 掌握遮挡剔除技术的使用方法。

任务描述

本单元先介绍遮挡剔除的概念以及遮挡剔除技术的适用范围，再详细介绍"Occlusion"视图中的属性，最后通过一个简单的实际操作使读者掌握遮挡剔除技术的使用方法。在"知识拓展"部分进一步介绍遮挡区域，使读者了解遮挡区域的作用。

任务 24.1 遮挡剔除概述

遮挡剔除是 Unity 的另一种性能优化手段之一。在通常情况下，相机会渲染场景中的所有对象，那么对于比较复杂的场景而言，相机的渲染是非常耗时耗能的，对此 Unity 提供了遮挡剔除技术，使相机视角外的场景物体以及视角中被阻挡的物体不被渲染，这样就节约了计算机的渲染时间，也减少了存储系统开销。

遮挡剔除原理：遮挡剔除过程将使用虚拟相机，构建潜在可见对象集的"Hierarchy"视图，应用于整个场景。运行时各相机使用这些数据来确定可见和不可见物体。

遮挡剔除不会在 3D 计算机图形中自动开启，需手动开启，这是因为在大部分情况下，离相机最远的对象最先渲染，离相机近的对象覆盖先前的物体［该步骤称为重复渲染（overdraw）］。

除遮挡剔除外，还有视锥体剔除（Frustum Culling）。视锥体剔除是指不对相机视角外的场景对象进行渲染，但相机视角内被阻挡的物体依旧会被渲染，它可以认为是遮挡剔除的一个特例。

图 24-1 所示为未开启遮挡剔除和视锥体剔除的项目场景。

图 24-1　未开启遮挡剔除和视锥体剔除的项目场景

Unity 会自动开启视锥体剔除，如图 24-2 所示，相机视角中的场景对象被渲染，相机视角外的对象不被渲染。

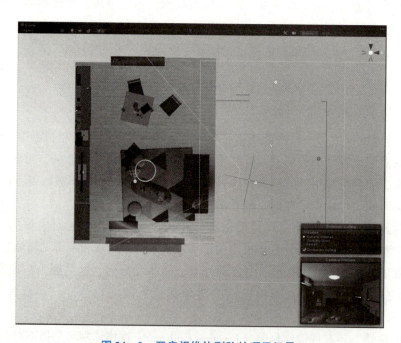

图 24-2　开启视锥体剔除的项目场景

开启遮挡剔除和视锥体剔除的效果如图 24-3 所示，靠近相机的场景物体被渲染，而相机视角外场景物体都没有被渲染。

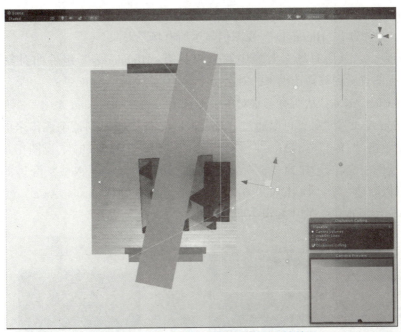

图 24-3　开启遮挡剔除和视锥体剔除的效果

> **注意：**
> 因为室内场景中没有可以完全遮挡其他物体的对象，所以此处特别创建一个"Cube"对象，目的是遮挡其后的模型，突出表现遮挡剔除效果。

任务 24.2　"Occlusion"视图

在 Unity 编辑器的菜单栏中执行"Window"→"Rendering"→"Occlusion Culling"命令可以打开"Occlusion"视图（遮挡剔除视图）。"Occlusion"视图中的"Object"选项卡如图 24-4 所示。

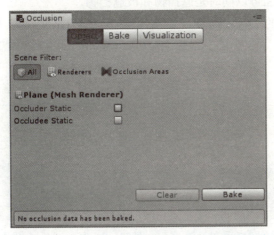

图 24-4　"Occlusion"视图中的"Object"选项卡

Scene Filter：场景过滤器，用于筛选具有"Renderers"或"Occlusion Area"组件的对象。

（1）All：不筛选，"Hierarchy"视图仍显示所有场景对象。

（2）Renderers：从所有场景对象中筛选出具有"Renderers"组件的对象，可以通过"Hierarchy"视图查看到被筛选出来的对象。

（3）Occlusion Areas：从所有场景对象中筛选出具有"Occlusion Area"（遮挡区域）组件的"Occlusion Area"对象，可以通过"Hierarchy"视图查看到被筛选出来的"Occlusion Area"对象。单击"Occlusion Areas"按钮后，不选择"Hierarchy"视图中的任何对象，"Occlusion"视图中会出现图 24-5 所示的界面，单击"Create New"旁边的"Occlusion Area"按钮可以新建一个"Occlusion Area"对象，新建的"Occlusion Area"对象如图 24-6 所示，具体介绍见本单元的"知识拓展"部分。

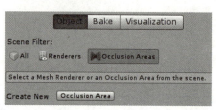 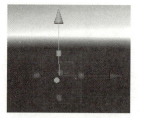

图 24-5 创建"Occlusion Areas"对象　　　图 24-6 "Occlusion Area"对象

> **注意：**
> 在默认情况下不创建任何遮挡区域，此时遮挡剔除将应用于整个场景。
> 若创建了遮挡区域，需要确保相机在遮挡区域内。

在"Hierarchy"视图中选择一个带有"Renderers"组件的对象后，"Occlusion"视图会显示两个可设置的静态属性，如图 24-7 所示。

（1）Occluder Static：遮挡物，勾选这个选项说明在遮挡剔除中该对象作为遮挡物。

（2）Occludee Static：被遮挡物，勾选这个选项说明在遮挡剔除中该对象作为被遮挡物。

在遮挡剔除中"遮挡物"遮挡住"被遮挡物"，那么被遮挡物将被这个场景剔除，即不显示在场景中，一个对象可以同时是遮挡物和被遮挡物。

"Occlusion"视图中的"Bake"选项卡如图 24-8 所示。"Bake"选项卡属性说明见表 24-1。

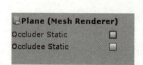 

图 24-7 对选中对象的静态属性设置　　　图 24-8 "Occlusion"视图中的"Bake"选项卡

表 24-1 "Bake"选项卡属性说明

属性	说明
Smallest Occluder	设置最小遮挡物尺寸。遮挡物尺寸小于该值时，被遮挡物在场景中不会被剔除。例如设置为 5，所有大于 5 m 的遮挡物都会使其后的被遮挡物被剔除（不渲染，从而节省了渲染时间）。通过合理设置该属性值，可以平衡遮挡精度和遮挡数据的存储大小之间的关系
Smallest Hole	设置最小孔的尺寸。若场景对象内部的孔或多个对象堆叠形成的孔的大小小于该值，遮挡剔除将忽略该孔的存在
Backface Threshold	设置背面移除阈值。该属性主要用于优化场景，当该属性设置为 100 时，相机拍摄不到的背面信息也会被完整保留；当该值较小时，系统会对背面信息进行优化甚至去掉背面信息，以减少剔除数据，建议保持默认值 100

根据需要设置好遮挡剔除属性之后，单击"Bake"按钮，生成遮挡剔除数据。遮挡剔除数据生成后，可以使用"Visualization"（可视化）选项卡预览和测试遮挡剔除效果。如果对遮挡剔除效果不满意，可以单击"Clear"按钮删除先前计算的数据，重新修改设置后，再次单击"Bake"按钮即可。

"Occlusion"视图中的"Visualization"选项卡如图 24-9 所示。

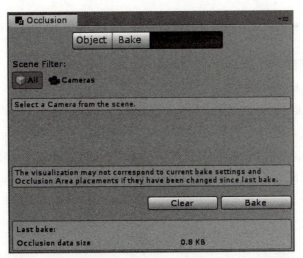

图 24-9 "Occlusion"视图中的"Visualization"选项卡

Scene Filter：场景过滤器。

（1）All：不筛选，"Hierarchy"视图仍显示所有场景对象。

（2）Cameras：筛选出场景中所有的相机对象。

"Visualization"选项卡用于选择相机，并预览该相机下的遮挡剔除效果，如图 24-10 所示，在"Scene"视图下观察效果。注意将相机放置在遮挡区域内，并保证相机对象的"Camera"组件的"Occlusion Culling"属性被勾选。

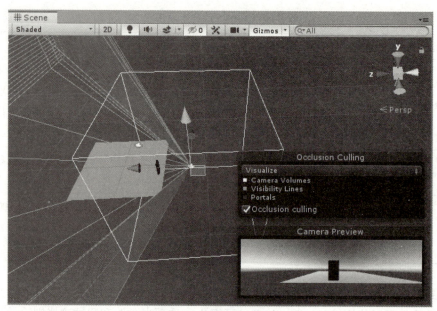

图 24-10 预览遮挡剔除效果

任务 24.3 遮挡剔除技术的使用方法

【知识点 24-1】 在项目中使用遮挡剔除技术。

具体步骤如下：

（1）标记"遮挡静态"。

除了主角（虚拟现实系统中的"我"）、灯光、地面外，将场景中的其他对象标记为"遮挡静态"，在"Occlusion"视图中将这些对象的"Occluder Static"属性和"Occludee Static"属性都勾选上。若没有打开"Occlusion"视图，也可以在"Inspector"视图中修改。选择需要标记的对象，在"Inspector"视图中单击"Static"属性旁边的三角形按钮，如图 24-11 所示，在弹出的下拉列表中选择"Occluder Static"属性和"Occludee Static"属性，如图 24-12 所示。

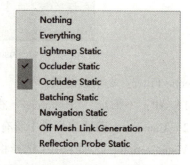

图 24-11 "Static"属性

图 24-12 "Occluder Static"属性和"Occludee Static"属性

如果需要设置为"遮挡静态"的对象具有子对象，则在进行标记"遮挡静态"时会弹出图 24-13 所示的提示框，询问是否将其子对象也设置为"遮挡静态"，单击"Yes, change children"按钮即可。

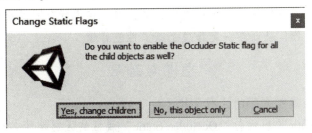

图 24-13　提示框

（2）设置"Occlusion"视图。

打开"Occlusion"视图，按照项目的需要设置相应的属性。

（3）烘焙。

属性设置完成后，单击"Bake"按钮生成遮挡剔除数据。如果场景比较大，则所需的烘焙时间较长。

（4）预览效果。

生成遮挡剔除数据后，使用"Visualization"选项卡预览和测试遮挡剔除效果，如果对遮挡剔除效果不满意可重新修改属性设置，直到满意为止。

知识拓展

"Occlusion Area"组件

若要将遮挡剔除应用于运动的物体，则需要为运动的物体创建遮挡区域，并且合理设置该区域的大小，使其适合运动物体运动的空间。需要注意的是，不能将运动的物体设置为静态对象。通过为空对象添加"Occlusion Area"组件（图 24-14）创建遮挡区域。"Occlusion Area"组件属性说明见表 24-2。

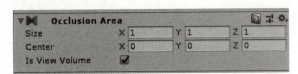

图 24-14　"Occlusion Area"组件

表 24-2　"Occlusion Area"组件属性说明

属性	说明
Size	设置遮挡区域的大小
Center	设置遮挡区域的中心。默认值为 (0, 0, 0)
Is View Volume	设置是否剔除内部的动态物体

单元小结

本单元介绍了 Unity 的另一种性能优化方法。遮挡剔除简单概括就是对场景进行一次烘焙后，在运行过程中对相机的可视范围进行计算，对不在视野范围以及视野范围内被遮挡的物体不执行渲染的操作，从而在一定程度上减少性能开销。

思考与练习

1. 视锥体剔除与遮挡剔除的区别是什么？
2. "Occluder Static" 属性与 "Occludee Static" 属性的区别是什么？
3. 遮挡剔除与 LOD 有什么不同？
4. 遮挡剔除的适用场景主要是什么？
5. 简述预览遮挡剔除效果的方法。

实 训

1. 将需要进行遮挡剔除的场景对象设置为静态对象。
2. 对场景进行遮挡剔除并烘焙。

单元 25

场景烘焙

学习目标

(1) 了解场景烘焙（Bake）的概念、流程与作用；
(2) 了解反射探头（Reflection Probe）的概念与作用；
(3) 了解光照探头（Light Probe）的概念与作用；
(4) 了解全局光照（Global Illumination，GI）的概念；
(5) 掌握反射探头的使用方法及流程；
(6) 掌握光照探头的使用方法及流程；
(7) 掌握场景烘焙的使用方法及流程。

任务描述

为了模拟现实世界的光照效果，Unity 提供了场景烘焙技术，对场景中的灯光数据进行计算，并将计算结果运用到场景中，以此实现更加真实的画面效果。开发者需要做的就是根据场景的布置设置相应的灯光、反射探头以及相应的烘焙属性。通过提前对场景中的静态物体进行光照烘焙，减少运行过程中设备性能的消耗。

整个流程分为 3 个步骤：设置反射探头、设置光照探头、设置烘焙参数并进行烘焙。过程中需要对场景的对象进行设置，对于静态物体需要设置为"Light Static"，通过选择物体，在"Inspector"面板的左上角进行设置。

需要注意的是，本单元从工程应用的角度讲解如何使用 Unity 的光照烘焙功能，并不涉及底层的原理讲解。

任务 25.1 布置反射探头

【知识点 25-1】 什么是反射探头？

反射探头最重要的作用就是反射。反射探头通过采集场景指定区域内的环境表现，允许其他对象引用这一反射结果，模拟相应游戏对象应有的光泽反射效果。例如场景中的地板打蜡后应该有一定的反射效果，通过贴图是无法实现的，此时需要运用反射探头实现这一效果，如图 25-1 所示。

Unity 虚拟现实引擎技术

图 25-1 为地板应用反射探头

反射探头也是一个组件，通常情况下单独挂载在一个空对象上使用（便于明确游戏对象的职责）。在"Hiearchy"视图空白处单击鼠标右键，执行"Light"→"Reflection Probe"命令创建一个反射探头对象，其反射探头组件如图 25-2 所示，属性说明见表 25-1。

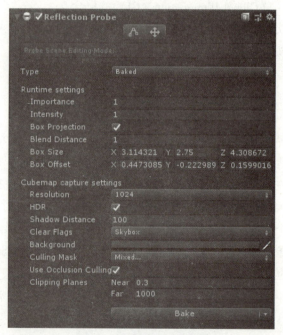

图 25-2 反射探头组件

表 25-1 反射探头组件属性说明

属性	说明
Type	设置反射探头的计算方式。 (1) Realtime：实时计算，能够直接在"Scene"视图中看到效果； (2) Custom：自定义； (3) Baked：需要通过烘焙才能看到效果

续表

属性	说明
Refresh Mode	Realtime 专属项，设置刷新反射探头效果的时机。 （1）On Awake：激活时刷新一次； （2）Every Frame：每一帧都进行一次运算； （3）Via Scripting：通过一个定制脚本刷新探头
Time Slicing	当实时探头的刷新模式为"Every Frame"时，通过该选项设置刷新频率
Importance	设置反射探头的优先级，如果一个游戏对象受多个反射探头影响，那么优先级会决定它们的效果
Intensity	设置反射强度
Box Projection	勾选该属性会开启立方体投影反射 UV 的映射，开启后反射探头的"Size"和"Origin"会影响发射贴图的映射方式
Box Size	设置反射探头能够覆盖的区域大小
Box Offset	设置反射探头覆盖的区域对于该游戏对象中心位置的偏移值
Resolution	设置反射探头得到的结果精度，数值越高表明效果越好
HDR	勾选该属性后，会启用立方体贴图的高动态范围渲染
Shadow Distance	设置允许渲染阴影的范围
Clear Flags	指定如何填充立方体贴图的空白背景区域
Background	设置立方体贴图在渲染前的默认背景颜色
Culling Mask	指定不参与反射的层
Use Occlusion Cull	勾选该属性后会使用遮挡剔除
Clipping	设置反射探头是锥体的近平面还是远平面
Bake	烘焙反射探头

【知识点 25-2】 Realtime 和 Baked 的区别是什么？

Realtime 与 Baked 的区别在于实时性，Realtime 会立刻对场景变化作出反馈，就是实时进行计算，而 Baked 需要进行一次烘焙后才能看到效果，且当场景变化后，需要再次烘焙才能看到变化效果。在性能开销上，Realtime 因为是实时的，所以会消耗设备一定的性能，而 Baked 是通过提前计算光照，形成光照数据，如贴图、数据文档等，在运行过程中会直接使用这些数据，从而节省了大量的硬件开销。

【知识点 25-3】 为房屋模型布置反射探头。

具体步骤如下:

(1) 将反射探头组件的"Type"属性选为"Realtime",以方便在调试过程中查看效果。

(2) 将反射探头移动到区域的正中间,这样能够保证反射探头的效果更为真实,不会有拉伸的情况,如图 25-3 所示。

(3) 通过反射探头组件的"Volume"按钮调整反射探头所覆盖的区域,确保区域能够覆盖墙面即可,过大或过小的覆盖面积都会影响效果。

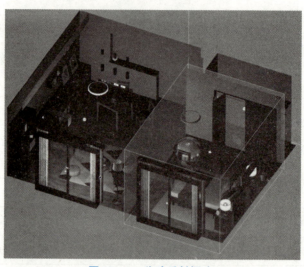

图 25-3 移动反射探头

(4) 修改地板对象的材质,将"Smoothness"属性调整为 1,可以看到地板很清晰地反射场景中的其他对象。由于反射探头的渲染模式为"Realtime",所以可以边修改反射探头组件的属性边查看效果。

(5) 确认效果无误后,可以通过"Bake"按钮对反射探头进行烘焙。

任务 25.2　光照探头

场景中常常出现光照强与弱的情况,而为了让动态物体在经过这些区间时,能够有更好的光照过渡效果,Unity 提供了光照探头组件。

与反射探头对象的创建方式相同,在"Hiearchy"视图空白处单击鼠标右键,执行"Light"→"Light Probe Group"命令创建一个光照探头对象。

【知识点 25-4】　使用光照探头。

具体步骤如下:

(1) 创建光照探头对象后,在"Inspector"面板中单击"Edit Light Probes"按钮激活"Add Probe"按钮。

(2) 添加更多的光照探头,并且调整它们的位置,使其覆盖整个场景,如图 25-4 所示。要注意,光照探头不应该陷入模型中,或者超出场景范围,否则容易产生错误的光照信息。

图 25-4 添加并调整光照探头

以上是最便捷的方式，不考虑光照探头的布置是否合理，但同样带来更大的性能开销。在前面提到光照探头是为了动态物体在不同的光照区域移动时能够得到更好的光照效果，那么布置光照探头时，在同一个光照区域中可以减少的数量，把节省出来的光照探头放到光照变化的区域间。

可以将场景设置为多个光照变化区域（颜色、强度等），按照不同的布置方式查看效果，以积累更丰富的实操经验。

任务 25.3　烘　焙

完成前面的操作后，在菜单栏执行"Window"→"Rendering"→"Lighting Settings"命令打开"Lighting Settings"视图，如图 25-5 所示。

1. 实时光照（Realtime Lighting）

"Realtime Lighting"选项下只有一项属性"Realtime Global Illumination"，勾选后系统会计算全局光照（以下简称 GI）。

【知识点 25-5】 什么是 GI？

在现实生活中，一个物体接受光照后，会因为表面凹凸不平产生许多漫反射光，这些漫反射光会射到其他物体表面继而产生新的漫反射光，这可以理解为间接照明，此外还有直接照明。GI 表现了直接照明与间接照明的综合效果，产生更加贴近真实

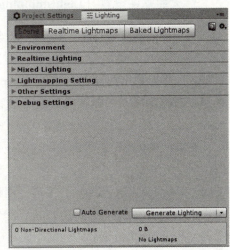

图 25-5　"Lighting Settings"视图

的自然光效果。当不开启 GI 时，Unity 默认只有直接照明。

2. 混合光照（Mixed Lighting）

在前面学习灯光的单元中，提到了灯光有"Realtime""Mixed""Baked"3 种渲染方式，而"Realtime Global Illumination"选项控制实时光的 GI 计算，图 25 - 6 所示的"Mixed Lighting"选项则控制着烘焙光的 GI 计算，其中"Lighting Mode"属性用于选择 GI 的计算方式，属性说明见表 25 - 2。

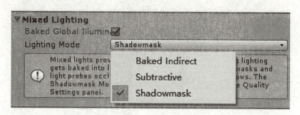

图 25 - 6　"Mixed Lighting"选项

表 25 - 2　"Lighting Mode"属性说明

属性类型	说明
Baked Indirect	仅烘焙间接光照，其他光照信息在运行过程中计算
Subtractive	将静态对象的颜色、阴影都预先烘焙在光照贴图中，在实际运行过程中，静态物体的受光、阴影不再发生变化
Shadowmask	静态对象的阴影在运行过程中不变，但是受光情况可受场景中实时光的影响。默认使用该项即可

在前面单元的学习中，制作了数个可手动开启/关闭的光照。对于这类光照，在烘焙时需要设置为"Realtime"，且将它们隐藏，以避免产生错误的光照信息。

3. 光照贴图设置（Lightmapping Setting）

"Lightmapping Setting"选项用于场景中的烘焙设置，如图 25 - 7 所示，属性说明见表 25 - 3。"Type"属性为"Baked"的灯光以及被设置为"Lightmap Static"的对象都会参与烘焙。如果对象未被设置为"Lightmap Static"，那么就不参与此次烘焙计算。一般情况下，场景中的静态物体（即在场景运行过程中不会发生移动的对象）就可以设置为"Lightmap Static"。

在尝试烘焙的时候可以降低与 Resolution 相关的属性，这样虽然会得到较低质量的光照贴图，但是可以节约不少时间，这是为了检查场景中是否有静态对象未被设置、室内场景漏光等情况，等场景确定不修改后，可适当调整与 Resolution 相关的属性得到更高质量的光照贴图。

烘焙成功后会生成相应的光照贴图和反射贴图，这些文件可以在"Lighting Settings"视图的"Realtime Lightmaps"和"Bake Lightmaps"选项卡中查看，也可以在场景文件所在的文件夹下与场景文件同名的文件夹中找到它们。

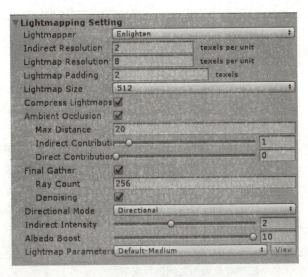

图 25-7 "Lightmapping Setting" 选项

表 25-3 "Lightmapping Setting" 选项属性说明

属性	说明
Lightmapper	设置以何种算法计算光照贴图
Indirect Resolution	设置间接光照贴图的每单元纹理数，该值越大贴图效果越好，但是也会增加烘焙时长
Lightmap Resolutions	设置光照贴图的每单元纹理数，该值越大表明贴图效果越好
Lightmap Padding	设置光照贴图中不同形状的间距，默认值为 2
Lightmap Size	设置单张光照贴图的尺寸
Compress Lightmaps	勾选此属性后会对光照贴图进行压缩
Ambient Occlusion	设置环境光遮挡。 (1) Max Distance：受影响的最大距离； (2) Indirect Contribution：控制间接光照的强度； (3) Direct Contribution：控制直接光照的强度
Final Gather	控制从最终聚集点发射出的光线数量，该值越大表明效果越好 (1) Ray Count：每个最终聚集点可发射的射线数目； (2) Denoising：勾选后会有消噪的效果

续表

属性	说明
Directional Mode	决定是否保留入射光的信息。 （1）Directional：在定向模式中，会生成第二张光照贴图来存储入射光的主导方向，从而使漫反射法线贴图材质可以在全局光照中起效。该模式中光照贴图的信息大约需要2倍的存储空间。 （2）Non-directional：平面漫反射，这种模式只需要一个光照贴图，存储了关于表面发出光的信息，假设它是单纯的漫反射，物体表现不那么立体。 （3）Indirect Intensity：控制实时存储间接光照和烘焙光照贴图的亮度
Indirect Intensity	设置间接反射的强度
Albedo Boost	控制对象表面之间的反射数量
Lightmap Parameters	控制光照贴图的属性

单元小结

通过本单元对 Unity 的光照烘焙功能的学习，读者会发现光照烘焙的使用并不难，从场景对象的"Static Flag"属性设置、反射探头布置、光照探头布置、灯光属性布置到烘焙属性布置，大多属于所见即所得的操作内容，这也与本书并不涉及场景美感设计有关系。

在学习 Unity 的烘焙属性设置过程中，因为场景模型较多，且对计算设备的硬件要求较高，建议通过较低的烘焙参数进行预烘焙，分别检查场景模型是否存在漏光、对象的"Static Flag"属性并未勾选等低级错误，在检查无误的基础上通过不断调整烘焙参数以熟悉属性作用并得到所需效果。

思考与练习

1. 如何指定对象使用反射探头的效果？
2. 可交互灯光能否参与灯光烘焙？为什么？
（1）如果可以，需要设置哪些参数？
（2）如果不可以，需要做什么准备？
3. 反射探头的烘焙与灯光烘焙是同时进行的吗？
4. 实时光能否影响设置为"Lightmap Static"的对象？
5. 运行场景一定要开启 GI 吗？
6. 简述你的场景烘焙参数。

实　训

1. 为项目场景添加反射探头。
2. 为项目场景的对象添加适当的反射效果。
3. 为项目场景的静态对象设置相应的属性，并更改相应的灯光类型。
4. 为项目场景进行灯光烘焙设置，并进行烘焙。

单元 26

软件打包与发布

学习目标

（1）了解多平台发布的关系与区别；
（2）了解 Windows 平台发布的流程；
（3）掌握 Windows 平台发布的方法。

任务描述

本单元介绍如何将项目打包并发布于 Windows 平台。首先了解一下 Unity 支持哪些平台，然后熟悉项目的发布与打包界面，通过合理配置打包与发布属性将房屋项目发布于 Windows 平台。

任务 26.1　了解 Unity 所支持的平台

跨平台发布是 Unity 最重要的特点之一。开发者只需要开发一次便可以发布于多个不同的平台，这大大节约了开发成本，提高了开发效率。

执行"File"→"Build Settings"命令打开发布设置界面，如图 26-1 所示，其中"Scenes In Build"（发布的场景）窗口展示的是当前项目中所有可发布的场景名称，在每个场景名称的右边有唯一的序列号指代该场景，默认启动序列号为 0 的场景，若要改变场景的序列号顺序，可以通过拖拽场景名称实现。第一次打开发布设置界面时，"Scenes In Build"窗口中的场景列表是空的，此时单击"Add Open Scenes"按钮即可自动添加项目中的所有场景。

"Platform"窗口展示了 Unity 支持的平台类型，主要有"PC，Mac&Linux Standalone""Android""iOS""Windows"和"WebGL"。

图26-1 发布设置界面

任务26.2 了解不同平台打包与发布的公共设置

单击发布设置界面左下角的"Player Settings"按钮，会直接打开"Project Settings"界面的"Player"选项卡，该选项卡用于设置不同平台的发布信息，如图26-2所示，其中红色框中的内容是公共设置，公共设置的属性说明见表26-1。

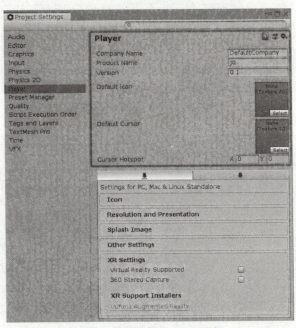

图26-2 "Player"选项卡

表 26-1　公共设置属性说明

属性	说明
Company Name	设置该开发项目所在公司的名称
Product Name	设置产品名称，运行时名字会出现在菜单栏上
Version	设置项目版本编号
Default Icon	设置软件的图标
Default Cursor	设置鼠标的光标图像
Cursor Hotspot	设置光标热点位置

在公共设置内容的下方是不同平台的选择按钮，如图 26-3 所示，从左到右依次是：Standalone 平台、iOS 平台、tvOS 平台、Android 平台、Facebook 平台。如果要添加更多平台，可以在发布设置界面选择需要添加的平台，并单击右边的"Open Download Page"按钮，这时会打开默认浏览器进行平台模块下载，如图 26-4 所示，平台没有下载完成前左下角的"Player Settings"按钮失效。

> 说明：
> 执行"Edit"→"Modules"命令打开"Module Manager"界面，在该界面中可以查看已下载的平台，如图 26-5 所示。

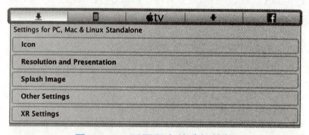

图 26-3　不同平台的选择按钮

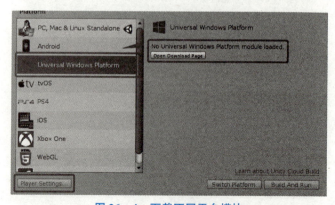

图 26-4　下载不同平台模块

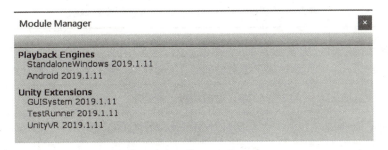

图 26-5　查看已下载的平台

任务 26.3　将项目打包发布于 Windows 平台

在发布设置界面选择 Standalone 平台，其平台发布设置如图 26-6 所示，其主要的属性是"Target Platform"（目标平台）和"Architecture"（架构），前者用于选择发布于哪种独立平台，后者用于选择 CPU 架构。单击"Player Settings"按钮，进入打包设置界面，如图 26-7 所示，其中各个选项卡的介绍如下。

（1）"Icon"选项卡：用于分配自定义图标，可以上传不同大小的图标。

（2）"Resolution and Presentation"选项卡：用于设置屏幕的大小和外观等，并且可以通过设置"Standalone Player Options"模块让使用者自定义屏幕。

（3）"Splash Image"选项卡：用于设置启动动画（过场动画）。

（4）"Other Settings"选项卡：该选项卡设置较多且较为重要，主要设置说明见表 26-2。

（5）"XR Settings"选项卡：优化混合现实沉浸式头盔的性能，减少 API 端产生的绘制调用次数。

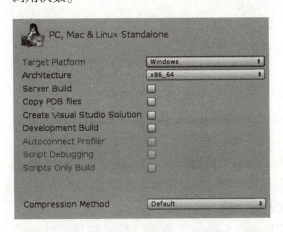

图 26-6　Standalone 平台发布设置

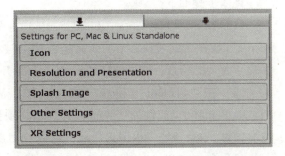

图 26-7　Standalone 平台打包设置界面

表 26-2 "Other Settings" 选项卡主要设置说明

属性	功能
Color Space	选择空间颜色渲染方式：伽马空间渲染或线性渲染
Static Batching	编译时使用静态批处理
Dynamic Batching	编译时使用动态批处理，默认启动
GPU Skinning	使用 GPU 蒙皮，大幅度减少 DrawCall，适用于大量创建角色时
Graphics Jobs（Experimental）	图形作业，极大提升渲染性能
Lightmap Encoding	选择光照贴图编码方式：普通质量、高质量和低质量
Scripting Runtime Version	选择项目使用哪个 .NET 实现
API Compatibility Level	设置 API 兼容性级别，选择可以在项目中使用的 .NET API
Disable HW Statistics	禁用 HW 统计，设置是否指示应用程序向 Unity 发送有关硬件的信息
Active Input Handling	激活输入处理，选择如何处理来自用户的输入
Prebake Collision Meshes	提前烘焙碰撞网格，在打包时添加碰撞网格数据
Keep Loaded Shaders Alive	设置是否要防止着色器被卸载
Preloaded Assets	设置需要预加载的资源
Vertex Compression	压缩顶点，设置每个通道的顶点压缩
Optimize Mesh Data	优化网格数据，删除网格中不需要的数据
Logging 模块	选择不同日志的显示内容

【知识点 26-1】 将项目打包并发布于 Windows 平台。

具体步骤如下：

(1) 执行"File"→"Build Settings"命令打开发布设置界面，单击"Add Open Scenes"按钮，此时项目中的所有场景都会被添加到"Scenes In Build"模块下，默认勾选序列号为 0 的场景，这里勾选场景名"HouseSystem"复选框。

(2) 在"Platform"模块中选择"PC, Mac&Linux Standalone"选项，并在右侧设置"Target Platform"属性为"Windows"，以将项目发布于 Windows 平台。将"Architecture"属性设置为"x86_64"，根据工作环境选择 CPU 架构，如图 26-8 所示。

(3) 单击"Player Settings"按钮，弹出"Project Settings"界面，显示的是"Player"选项卡的内容。这里保持默认设置即可，关闭该界面，单击"Build"按钮，在弹出的"Build Windows"窗口中选择文件保存的路径，并填写文件名，最后单击保存按钮。

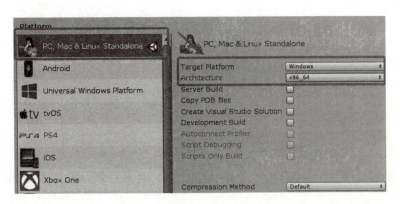

图 26-8 Standalone 平台的发布设置

（4）进度条加载结束之后就完成了打包。此时，根据保存路径找到"*.exe"文件，双击运行"*.exe"文件，此时弹出配置界面，可以根据需要选择分辨率属性等，如图 26-9 所示，然后点击"Play!"按钮运行项目，查看效果。

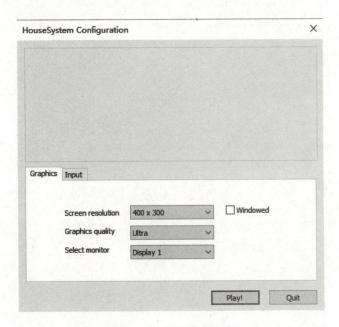

图 26-9 运行屏幕设置

单元小结

本单元是本书的最后一个单元，通过前面单元的学习与实验，相信读者已经掌握了制作项目的基本技能，在本单元对制作的项目进行打包并且发布到 Windows 平台运行，这是收获成果的时候。但通常情况下读者会发现存在功能实现错误、UGUI 不匹配画面等情况，这时请读者不要气馁，这正是学习和实验的必经之路，相信通过反复实践（Play→Stop→Edit→Play…，循环往复，只不过多了一些步骤和等待时间），读者一定会很好地掌握 Unity 开发技术。

思考与练习

1. 如何将项目发布于 Windows 平台？
2. 如何通过打包与发布设置优化项目？

实　　训

1. 熟悉 Unity 的打包与发布设置。
2. 新建任意场景，将项目发布于 Windows 平台，在打包完成后运行相应可执行文件，查看效果。